逃离毁灭

超弦理论、量子理论、暗能量等的另类科普

王骥 著

电子工业出版社
Publishing House of Electronics Industry
北京·BEIJING

第十章 更大的恐怖 109

第九章 第五类接触 91

第八章 秦岭遇挫 79

第七章 神秘计划 69

第六章 临危受命 61

第五章 大恐怖 43

第四章 紧急说服 31

第三章 深山被劫 23

第二章 权威解密 13

第一章 大迁徙 1

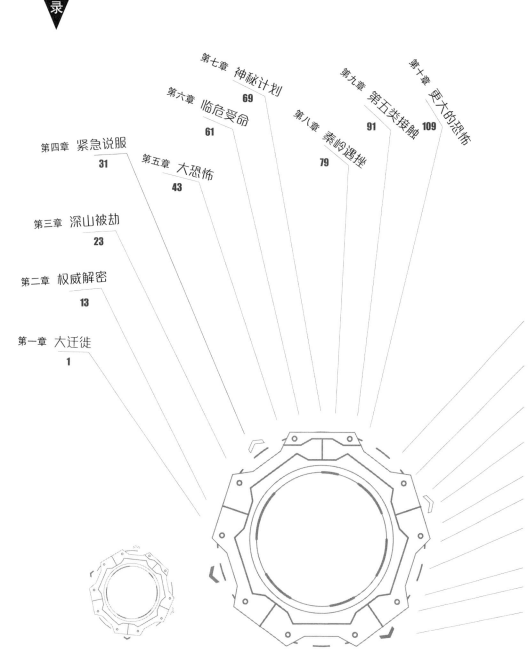

第十一章 绝望到崩溃　125
第十二章 大分歧　139
第十三章 元首火并　155
第十四章 大妥协　165
第十五章 搭建通途　177
第十六章 疯狂的迷阵　189
第十七章 无尽的桥　205
第十八章 大揭秘　225
第十九章 第一推力　239
第二十章 尾声　255

第一章

大迁徙

2070年8月7日，年过90岁的司想躺在病床上，对唯一一位还崇拜着他的年轻人无名说："我的生命已经到了尽头，但是我还是不能忘记这个故事。这个曾经屡屡被年轻人嘲笑，说比'史前大洪水''女娲补天'还夸张、还荒唐，如今已经被世人彻底遗忘了的故事……"说着，他停了一会儿，声音变得缓慢、低沉，有些颤抖：

"这是一个被戏弄的令人绝望、崩溃、癫狂与浪漫之极的真实故事！"

无名打断了他的讲述："您用的词汇都很极端，为何还有一个是表达'快乐'的词？"

司想一怔。"这，这是因为，它是最后的积淀啊！"说着，他沉默了片刻，"不过，痛苦如此持久，像蜗牛那样有耐心地移动;快乐如此短暂,像兔子的尾巴掠过秋天的原野。"

接着,司想像是在自言自语:"浪漫属于美好,快乐也属于美好,但是,这些都属于……"突然,他把想说的那个字咽了回去,想了一会儿,"也许这才是万物的归宿、万物的开始与持续的动力吧!其他的一切东西,无论经历多么漫长的时间,多么曲折的过程,都是在痛苦地孕育……"

"孕育什么?"无名深感疑惑,脱口而出。

"孕育终结,孕育开始啊!"

无名感到一片迷茫。

"好了!"司想看了看无名,"我现在就开始讲述这个故事的细节,这肯定是你最想知道的!至于你能否准确、详细地把它记录下来,我不抱多大期望。不过,有人记录就行。哎,这得从51年前的那场大迁徙说起……"

2019年4月初,怪异的现象发生了。不是候鸟的喜鹊,竟然像大雁、黑颈鹤、白鹭、雨燕与北极燕鸥等鸟类一样,开始陆陆续续地迁徙了,而且还是大迁徙。特别是在北美洲西部、非洲北部与欧亚大陆等盛产喜鹊的地区,万鸟列阵,浩浩荡荡。

下面是一则来自旧金山ABC7电视台4月3日的晚间新闻。

这些喜鹊群主要从密西西比河、密苏里河、阿肯色河等沿岸集结,在北美大草原和广阔的中央洼地内形成巨大的喜鹊群阵，大致分东西两个方向背道前进。西边的这个喜鹊群已经飞越了中央大峡谷，飞越了纵贯4800多公里的"北美洲脊骨"落基山脉，在靠近东太平洋沿岸的海岸山脉、内达华山脉等西边的森林、山谷、田野中聚集，似乎还在等待如俄勒冈州、亚利桑那州、新墨西哥州及其他地区的未到的鸟群。

几位登山探险队员报告，早前，他们发现一些喜鹊群飞越了高达4400多米的美国最高峰——惠特尼峰，它们很可能是喜鹊的先遣队。另外，沿海生物研究所的鸟类学家两日前发回的信息显示，一些喜鹊甚至来自太平洋的小岛，不时有数百只成群结队的鸟飞过，止步于加利福尼亚州那长达2000多公里的海岸线，似乎这里将成为喜鹊大迁徙的聚集地。

另外，加拿大、墨西哥乃至全球众多的国家和地区都出现了类似的报道。

下面是来自埃及国家电视台4月4日的晚间报道。

数以万计的喜鹊在苏伊士运河西岸集结，先前以为它们要飞越运河，实际上，它们选择了向北飞，如今它们正在地中海南岸的广阔洼地与高原上聚集。

大约有十个巨大的喜鹊群先后越过长长的帝王峡谷，在三大金字塔的上空盘旋，在夕阳的余晖中形成了从未有过的壮丽奇观……

一位老农这样说："我正在田间劳作，口渴难耐，突然好像有雨点落到了脸上，我条件反射般地将'天露'抹向嘴边，发现有股臭味，原来是鸟屎！我抬头望去，成群的鸟正从田野上空飞过。我赶紧叫来田边正在玩望远镜的小儿子，透过镜筒我仔细辨别着这些鸟，是喜鹊，千真万确。不过，其中似乎有少量的鸽子。我这辈子从来没有见过这种阵势……"

如今，整个非洲的喜鹊群的动向已经大致分明，以撒哈拉沙漠为界，包括利比亚、阿尔及利亚、突尼斯及摩洛哥等国家和地区的喜鹊都大致向北飞，它们正在地中海南岸聚集。而撒哈拉沙漠以南，喜鹊群主要在阿赞德高原、尼罗河盆地与刚果盆地这广袤的非洲中部聚集，形成了庞大的非洲喜鹊群，在东西两个方向拉出长达数万公里的"战线"，正分别朝东大西洋沿岸与西印度洋沿岸"挺进"。

下面是来自法国卢森堡广播电台4月5日的早间报道。

欧洲的里海、黑海沿岸及地中海北岸都聚集了大量的喜鹊群，不过绝大多数喜鹊似乎正在奔赴葡萄牙、爱尔兰与我国这些临海国家和地区那长达数万公里的大洋沿岸。

数以万计的喜鹊不时从意大利北部与德国的西南部涌入我国。不可思议的是，来自德国的喜鹊群飞越了我国东北部那道还能隐约可辨的马奇诺防线，还有少数喜鹊群翻过阿登山脉，在蒙梅迪附近绕道突破了达拉第防线遗址。

一位幽默的法国男主持人说："这不由得让人想起了20世纪40年代那场悲壮的大战役，法国沦陷……还有，人们在敦刻尔克也发现了大量的喜鹊群，看来更危险了！哦，不对，在诺曼底也有人发现了喜鹊，虽然它们只是零零散散地聚集着，或许有救了……"

喜鹊大迁徙这种怪现象已经引发了社会的恐慌。目前，我国、中国、美国、德国、英国及日本等30多个国家和地区都提交了成立国际统一研究机构的提议。联合国秘书处在一个小时前举行的新闻发布会上通报，安理会将在下午讨论这些提议。

下面是来自中国厦门某地方电台4月7日的晚间报道。

厦门市俨然已经成为喜鹊的王国，特别是鼓浪屿，那里聚集了数万只喜鹊，它们停在或翱翔在教堂的屋顶、高大的木棉树与榕树之上……有专家认为，喜鹊迁徙现象可能与鸟类生物钟变化或与地球磁场变化有关，目前还没有定论。如今，社会上谣言四起，广大民众请以官方的报道为准。

以下是刚刚收到的消息：

我国的东南沿海地区，日本、朝鲜、韩国、印度尼西亚、菲律宾、马来西亚等国家和地区的湖泊、森林和洼地都聚集了大量的喜鹊。据观察，这些喜鹊大多是从千里甚至万里之外的亚洲西部、中部飞越了高山、雪地、沙漠、沼泽长途迁徙而来。

全球各地都在发生的这类现象，引发了世界各国的高度重视，联合国已于4月6日正式成立了临时性的国际研究机构——喜鹊大迁徙联合观测研究中心（简称"联合国研究中心"）。联合国研究中心汇集了顶尖的鸟类学家、生物习性研究专家及与地球磁场、气候变化等相关的物理学、气象学等方面的专家。其中，我国有三名专家入选。联合国研究中心已经在全球范围内迅速建立起了临时性的观察站和研究分支机构，各项工作正在紧锣密鼓地展开。

喜鹊和鸽子为什么会开始迁徙呢？其他的留鸟都未出现这种状况，到底发生了什么或即将发生什么？

同样是鸽子，有些鸽子迁徙，而绝大多数鸽子却不迁徙，这又是为什么呢？

鸟儿春天的迁徙几乎都是朝北的，然而这次却不同，这又是为什么呢？

从来都不曾迁徙的鸟能集结成巨大群阵，有组织地开展如此复杂的"运动"，喜鹊是如何突然具备这种未曾有过的能力的呢？

从来没有迁徙行为和相关遗传基因的喜鹊要飞越高山、大海和沙漠，飞行上千公里甚至上万公里，它们是依靠什么来导航的，这种本领是如何突然具备的，这其中的原因又是什么呢？

数以百计的问题、不解和困惑摆在刚刚成立的联合国研究中心的这些专家的面前，大家陷入一种莫名的惊恐与焦虑中。

很快，联合国研究中心成立了信息收集与大数据分析、喜鹊生理与突变、大环境与生物习性、微气候与地磁变化、太空辐射与天体影响、神秘原因与特殊视角等12个部门，由50位专家分别带领各自的研究团队，在全球七大洲立即启动各项研究工作。

一周过去了，联合国研究中心几乎调动了全球所有的先进科研、观测设备，包括科教卫星、军用雷达与各类大型探测感应器等。来自全球的数以万计份资料、信息被汇总、分类和深度研究。

12个部门没日没夜地工作，联合分析会议已经开了7次，除了知道喜鹊群主要在大洋、大海与内陆湖泊沿岸及陆地森林和洼地中聚集，食物、哺育、繁殖、气候、敌害、生理变化、地磁影响和太空辐射等鸟类迁徙的几乎所有的外在环境变化与内在因素皆被排除，研究工作一筹莫展，几近停滞。

渐渐地，在全球范围内，各种传闻和小道消息四起，北美、欧亚的一些股市开始暴跌、崩盘，部分地区出现了动乱，人们陷入恐慌之中。

正如欧洲某国首相在联合国安理会秘密举行的"全球喜鹊大迁徙研究与社会动向"的听证会上所说的那样："自从我国建国以来，任何时候，几乎所有的重大事件我们都没有对公众隐瞒过。不过，这次肯定是不同的。"他停顿了一下，环顾四周，其他各国首脑都纷纷投来赞许的目光，"这个就像你某天早上起床，突然发现你家的狗居然在房间里飞行，但它没有长出翅膀来，周围环境也确实没有任何不同，然而，怪事就这样实实在在地发生了……这种严重违背常识和规律的现象给人的心理冲击是其他任何事情都无法比拟的。社会恐慌或许才刚刚开始，更大的危机或将紧随其后。所以，我们必须采取果断的行动……"

迫于社会动荡、联合国安理会、各国政府和首脑的强大压力，联合国研究中心做出了"安抚世人"的计划，即公开撒谎，宣称已经找到喜鹊迁徙的内在原因了。

对于这一计划，十余名科学家在表示强烈抗议后被联合国研究中心勒令退出并被联合国临时成立的执法机构强制性"禁言"。其中，有一位来自中国的名为司想的天体物理学家。

司想是入选联合国研究中心的三位中国专家之一。他本来是研究天体物理学的，但是这次却以地质学构造、地球磁场与大气环境等领域的跨界专家入选。这样的跨领域专家，在联合国研究中心为数不多。

司想曾经因为将引力波和地磁场结合地球自转与地质板块运动的理论引入到对大洋洋流的研究中，从特殊层面分析了世界洋流的分布规律与不同气候带的形成原因，进而揭示了地球陆地分布与运动的另类规律而广受关注。

这一理论的特色在于，司想将其运用于对地球环境的综合治理中，试图结合地球大循环系统的外在力量来处理环境污染问题。关于这一创意的研究已有突破性的进展。

正如联合国研究中心刚刚选聘的学术负责人，曾为司想的博士生导师莫尔·西蒙教授所说的那样："喜鹊的大迁徙背后很可能隐藏着地球环境、磁变因素及对未来大气环境的改造等问题。"这也是西蒙教授极力推荐年仅41岁的司想入选全球50人专家组的一个重要原因。

当然，上述这些研究仅仅只是司想及其团队的副业，最近，他们将精力更多地投入到如何将"上帝粒子""天使粒子"与中微子等结合起来，他们试图揭示反物质、暗物质与暗能量等的某些属性，进而寻找宇宙形成、成长与天体运转的其他动因，并以此探索宇宙暴涨理论、量子理论、超弦理论、相对论及万有引力定律等目前还无法解释的众多宇宙现象。

显然，这个大研究项目对于学术界来说是极具"野心"的，司想与这个大研究项目曾一度被同行们嘲讽为"疯子+空想"。

然而，这些"空想"，对于年轻时就很叛逆，嘴边经常挂着"好奇心、想象力就是第一生产力"这句话的西蒙教授来说，他从来都不认为有什么不妥。这或许也是司想被西蒙教授欣赏的一个重要原因。

第二章

权威解密

4月18日，联合国研究中心发布了《全球喜鹊大迁徙事态分析与形成原因的重大研究报告》。全球几乎所有的媒体都报道或转发了这一世界性的权威研究结果。有些政府，特别是一些经济落后的国家的政府，还以重要行政文件的形式向全国各级部门发布了这一研究结果。

在世界范围内，几乎所有媒介，从门户网站到社区论坛，从大众平台到个人媒体，在机场、商场、广场、会场、地铁及公交车等，凡是有人聚集的场所，都在直播、转播或转载联合国研究中心权威解密的视频与文字。

当天，已退出联合国研究中心的司想正坐在城市广场的一角发呆。广场中央大型露天显示屏上的宣传片出现了。

在各种炫目的基因图谱、鸟类机体构造解剖图、宇宙射线及喜鹊、鸽子演化史图像的烘托下，一间偌大的存放着各种精密仪器的实验室出现了。一位身穿白大褂的专家正在将一支装有蓝色液体的试管放到实验架上。画面拉近，这位专家抬起头来，庄重而诚恳地说："喜鹊的迁徙，这得从松果体、第四纪冰川、遗传变异、超新星爆发及短波高能的宇宙射线等说起……"

"从生理学角度来说，间脑脑前丘和丘脑之间有一个红褐色的豆状的重要组织，名为松果体。松果体不仅是动物'生物钟'的调控中心，而且还有其他强大而神秘的功能。"一位年长的神经生理学家说道，"对于人类来说，松果体在儿童时期比较发达，但在七岁以后就开始退化了，因此它有被退化的'第三只眼睛''灵魂的座位''启蒙的中心'等称谓。"在讲述过程中，屏幕上适时地出现人体大脑、松果体等影像图。

接着，一位考古生物学家说："实际上，我们早就发现，在早已绝灭的古代动物头骨上就存在第三只眼睛的眼眶。后来，经过一番研究，我们发现不论是龟、鱼、鸟、兽还是人类的祖先，都曾有过第三只眼睛。只不过随着生物的进化，第三只眼睛逐渐从颅骨外移到脑内并隐藏了起来，成了我们所谓的松果体。"

"注意，"一位基因专家从一台高倍显微镜前移过视线说，"两三百万年前，随着第四纪冰川从高纬度向低纬度'入侵'，食物分布与繁殖条件等因素的改变促使鸟类学会了迁徙，并逐渐使它们养成了习惯。正是这个时候，喜鹊、鸽子及几乎所有留鸟的松果体内形成了促成迁徙并将迁徙过程中各种复杂技能予以记载的一种激素。这种激素的记载与开启模式通过进化，已被'镌刻'到鸟类的遗传基因中。后来，喜鹊、鸽子及其他几乎所有现存的留鸟一样，基因发生了变异，激素的开启与下载模式被关闭了。"

"这一变异应该发生在第四纪冰川开启之后的三四十万年内，这是我们对一些早期化石进行鉴定得出的结论。不过，具体时间还需进一步考证。"一位鉴定专家插话。之后，基因专家继续说："显然，喜鹊、鸽子和其他几乎所有留鸟本身是具备迁徙本领的，如今它们无法迁徙的原因是，基因被打上了一道厚厚的'封印'。"

"然而，"一位生物工程专家接过话题，"宇宙中大量的射线，特别是超新星爆发时所发出的伽马射线暴是一把把锋利的'手术刀'。它能在喜鹊、鸽子的随后大约200万年的进化中，一代接一代、一点一点地将这道'封印'侵蚀。200万年很久,但是对于鸟类的进化来说,时间并不算太长……终于,近几十年来,几次巨大的超新星爆发所形成的伽马射线暴从遥远的外太空传到了地球,这些射线虽然对生物体的伤害很小,但是在这些射线的影响下,隐藏在喜鹊、鸽子基因中的'封印'被撕开了。于是,伟大的奇迹就这样发生了。"

这时,画面上出现了一望无际的宇宙星际图。欧洲的天体物理学家移动着星图光点坐标,说道:"近几十年来,巨大的超新星爆发,如大麦哲伦星云中那颗距离地球16.8万光年,质量约为太阳的18倍的名为SN 1987A 的超大蓝巨星爆发;距离地球 2.38 亿光年的名为 SN 2006gy 的超恒星爆发;距离地球38亿光年,最高光度是太阳的5700亿倍的,名为 ASASSN-15lh 的超新星爆发等。大量的伽马射线暴分别于1987年2月、2006年9月和2015年7月射向了地球。"这位天体物理学家伸出了三个手指。

"为何迁徙的只是喜鹊和鸽子,而不是其他留鸟呢?"一位头发杂乱、一脸倦容的亚洲男性生物学家出现了。"这是因为喜鹊、鸽子在其松果体中分泌了另一种激素,你可以称它为'润滑激素'或'催化激素'。该激素对短波高能射线如伽马射线等很敏感，能起到诱发基因层'解封催化剂'的效应。而我们在其他所有物种与鸟类中几乎都未曾发现这一激素，这是我们最新的研究成果。由于资料庞杂，我们将另行公布这一成果……其中，有些鸽子的基因中的这一'封印'还未真正被撕开，所以，只是部分鸽子开始迁徙。"

"为何喜鹊、部分鸽子在迁徙时与绝大多数的候鸟表现得不太一样呢？"一位年轻漂亮的鸟类学家亲切而真诚地说，"这是因为喜鹊、部分鸽子已经沉积了长达200多万年的功能被重新启动，松果体'生物钟'还不能适应，引起紊乱。这就像一台长期停止使用的机器，零件生锈了，而且还布满了灰尘，现在却让它突然转动，于是便出现了少许功能故障或紊乱的情况。"

这位专家用手比划着，各种生物时钟、地磁场效应等图谱出现在屏幕上。"这也是喜鹊群有些朝大洋、湖泊沿岸飞，而有些却飞向了湿地、森林深处的原因。这些都是因其'生物钟'紊乱而形成的一种正常现象……"

司想默默地看完了这部权威解密宣传片，气得脸色发红进而发紫。于是，他拨打了另一位在联合国研究中心的中国专家李计的电话。

"你是司想吗?"对方接通了电话,抢先发话了。

"是的,这就是你们发布的最权威的解密宣传片吗?竟然公开骗人!"

"嘿……"李计吞吞吐吐地说,"不不不,是大家,大家研究……研究的结果!声明一下,这不是骗人的,是有科学依据和道理的!"

"如此牵强附会,漏洞百出……不说你们的良心,从专业的角度来说,这些能说服你们自己吗?"

"嘿,我说,司想啊……你是个天才,就是太较真了,有时候分不清轻重、看不清形势啊!"李计停了一会儿,突然提高了嗓音,"任何事物,特别是大家都弄不懂的事物,只要能找到解释这一事物的理论,大体上能自圆其说,这就对了!"

"哈哈哈……还能自圆其说?"

"是啊,先要根据现象提出理论,然后再去找证据并进行验证嘛。说白了,学术研究不也都是这样的吗?"

这个聪明的家伙很快便转移了话题,进而让司想的专业责难"胎死腹中"。司想一贯的火暴脾气似乎马上就要爆发,但是,李计似乎早有准备,先狠狠地抛出话来,"哎,司想啊,你啊!我们已是多年的朋友,我说句极端的话吧,你自己的那些研究，我承认都很好，但是……又何尝不是先找个理论出来，然后逆向找证据的呢？这跟联合国研究中心这套解读理论的形成，本质上又有什么不同呢？"李计进而理直气壮地说，"实际上，以前的那些基础理论学家及他们提出的理论，又何尝不是这样的呢？比如说牛顿与万有引力定律、爱因斯坦与相对论，等等！"

"够了！"司想挂断了电话。或许这正是李计想要的结果。

司想木然地坐在那儿，渐渐平静了下来。他开始回想自己这些年来走过的路，回想自己在学术上的成就、导师的认同与众人的质疑，再联想李计刚才所说的话。

"虽然偏激，但是，似乎也有那么一点点道理。"司想好像明白了些什么似的，喃喃自语。

联合国研究中心的权威解密宣传片引发了无数的争议，不过，大众提出的众多问题，总有专家给予"自洽"甚至还很"科学"的解释。甚至，对于饱受质疑的"只有喜鹊、鸽子这两种留鸟的松果体内，才能分泌所谓的'润滑激素'或'催化激素'"这一问题，联合国研究中心喜鹊生理与突变部门的这帮具有拼命天性的亚洲科学家，在"权威结果"发布的第二天，即4月19日，竟然真的公布了一篇长达50多页，经30多位顶级专家签名的研究报告。

该报告极具专业性，各类图表、实验数据、论证过程、推导结论及跨越了20多门学科的理论、资料与证据等的来源与出处，样样俱全。多方专家、民间学者和网络发烧友经过一段时间的反复争吵、论证与查对，居然都没有找出该报告的明显漏洞和问题。

后来，联合国秘书处还别有用心地宣布解散联合国研究中心，说任务已经完成了，机构无须存在，并宣布他们以后将不再参与解答大众的各种责难与问题了。

渐渐地，联合国研究中心的研究报告与权威解读居然得到了世界上绝大多数人的认可。虽然在媒体、社群、网站上依然受到人们的不断质疑，甚至出现了骂战，但总体而言，舆论已经大体被平息了。

时至5月10日，人们居然在一个多月的时间内就习惯了这种奇怪的事情，好像喜鹊违背常识地大迁徙本身就是一种很自然的现象。甚至，一些跨国旅游集团还开设了"喜鹊大迁徙壮观景象"的观光项目和路线，人们还踊跃参与。

"这可是70多亿人口的人类啊！这么容易被糊弄……哎！"司想对此惊愕不已。

不过，与接下来发生的一系列重大事件相比，司想此时为之惊愕的这些事情，就像是在一场万人参与的世纪饕餮盛宴中，他仅在一个阴暗的角落要了一碟只有几颗蚕豆的小菜而已。

第三章

深山被劫

司想自从离开联合国研究中心，在看了全球喜鹊大迁徙原因的权威解密宣传片之后，对于联合国研究中心和民众，他先是惊愕，然后是愤怒，但又无处发泄，而且这些内幕他连最亲近的人都不能透露一点点，他内心的悲凉就像将他的心脏浸泡在冰水之中一样。

司想已经一天没有到自己的研究所去了。5月11日早上，他还没起床便听到有人敲门。原来是研究所负责日常协调工作的王主任。王主任见面就对司想说："有件事我想与你商量商量，昨天接到你导师西蒙教授的电话，他建议我给你安排一次旅行。我也觉得这很好。这些年，团队中每人每年都要旅行两次，你却一直忙着做研究，很少去旅行，你看如何？我们已经为你规划好了三条路线，你可以选择。"

司想沉默了一会儿，觉得这是一个很好的安排，难得西蒙导师的一片苦心，于是就答应了。

5月13日，当司想正在一处高峰上对照中国古代三垣二十八宿分野结合现代地质与板块构造理论仔细观察山川的走势时，突然，电话响了。

"司想吗？我是李计！"

"我知道你是李计！"司想心里想，这家伙怎么突然来电话了。

"你的工作电话一直打不通，只能打私人电话了，你在哪里？"李计说，"现在出现了新情况，似乎很严重，估计你很快又得回联合国研究中心了，我先透露你这一信息，大家是好朋友嘛！"李计洋洋自得。

"联合国研究中心不是被解散了吗？"司想反问。

"并没有被解散，为了转移视线，从明处转移到了暗处，难道你不知道吗？"李计有些诧异，他一直以为司想应该早就知道了。现在他有点后悔了，于是赶紧说："我还以为你知道呢。不过，这是机密，你应该知道要保密吧！"

司想默不作声。李计又强调了一遍保密事宜，然后说："另外，我想到你们研究所实验室用一下那些先进的仪器，可以吗？如果你同意，我今晚就动身飞过去。"

"你和王主任联系吧！"司想心不在焉地说。他根本无意再回联合国研究中心。

这次旅行显然已经成为司想转移心思的最佳方式了。他正沉醉其中，昨天还专门给研究所王主任下了一道"命令"，说工作上除非有天掉下来了的大事，否则不要联系他。之后，除了私人电话，他关闭了其他所有通信设备，俨然"世外桃源人"一般。

李计的话果然应验了。一天过后，司想突然接到了电话，是联合国研究中心打来的。对方说他们找了很久才找到他的私人电话。他们先是非常诚恳地道歉，然后表明希望司想博士能顾全大局，接受他们的邀请，重新回归联合国研究中心。

司想拒绝了邀请，关闭了私人电话，一门心思地继续游山玩水。

5月15日晚上，在一个深山的小酒店里，劳顿一天的司想睡得正香。突然，一阵急促的敲门声将他吵醒。房门打开了，六个人冲了进来。他吓了一跳，以为遇到了强盗，正想跳离床面，灯亮了。他看见三名军人、两名酒店工作人员和一位便衣。这位便衣头发凌乱、衣冠不整，像是刚从床上被人拉起来还来不及梳理似的，他先开口说话了："对不起，司想先生，我是酒店的总经理，这三位是军方人员。我们敲了很久的门，没人答应，才……"

"司想博士,你现在赶紧穿好衣服,有紧急情况,请你跟我们走。"三位军人中的一位年长的军人打断了总经理的话。

司想从惊魂未定中清醒过来,正想问是什么事,又听到另一位年轻的军人说:"司想博士,这是我们师长!"

司想揉了揉了眼睛,才看清这位军人肩上的肩章,"大校啊!"他心里嘀咕着,这么高军衔的人亲自行动,肯定发生大事了。

这时,那位女性酒店工作人员已经快步走出了房间,司想赶紧穿好衣服。

"你为什么把电话关了呢?我们找你找了很久!"师长语气稍微平和了些,但毫无商量的余地,"我们接到上面的命令,让我们立即将你送回,请你现在就跟我们走!"

"到底有什么事?"司想急切地问。

"不知道,我们只接到这一命令,请您理解!"一位军人说。

看这阵势,司想虽然很不情愿,但不得不开始收拾行李。

"你只需拿最紧要的东西,其余的东西酒店会给你送回去。"师长说话的同时,另外两名军人便开始帮司想收拾行李,很快他们一同走出了房间。

景区云雾缭绕,加上夜色沉沉,根本看不清周边环境。那名提着司想行李包的军人,飞快地向酒店前面隐约可辨灯光的一片草地跑去,另一名军人与师长迈出紧急的步子,在强烈的手电光中,似乎是推着司想在往前走。

等跨进草地,司想才发现灯光原来是一架军用直升机发出来的。在别人的帮扶下,司想登上了飞机。

随着轰轰隆隆的声响,飞机很快离开了地面。司想这才注意到飞机上的另外两名军人,一名驾驶员和一名机械师。

司想惊魂未定。多名由师长带队的军人动用了军用直升机,像"劫持"一样将他带走。到底发生了什么事?情况有多紧急?

"师长,到底发生了什么事?"司想再次紧张地询问。

"我也不知道,我们只是执行任务。"师长一脸严肃。

是家人犯罪了?是我犯罪了?还是研究所出大事了……司想在脑海里紧张地搜索着各种可能。这不对啊,这用不着动用军队啊!他心里嘀咕着。这时,司想才记起他的电话这两天一直被他关闭了,他什么信息都没有收到。他开始懊悔,痛恨自己"倔强过头"的老毛病差点害死自己。

突然,他脑筋一转,心里想,如果能用电话,那么就能排除他的各种可能的猜测。于是,他说:"师长,我可以用电话吗?"

师长示意一名军人,那位军人递上一部军用卫星电话。司想心中一喜，赶紧进一步试探，说："我可以用我自己的手机吗？"

师长看了他一眼，告诉他可以。司想连忙起身，在自己的行李包中找了半天才找到手机。打开一看，原来有 100 多个未接电话。其中，有西蒙导师、研究所王主任及家人的未接电话。司想惊异不已，再次在心里大骂自己过于倔强。

他赶紧拨通了家人的电话，家人急切地问他在哪里，并告诉他家中未发生任何事，只是这几天很多人都在很急迫地找他，家人很担心他。然后，他拨通了研究所王主任的电话。

"司所长，是你吗？天哪！终于找到你了，你在哪里啊？这几天我不停地给你打电话，就是打不通。"对方如释重负，"你赶快给西蒙教授回个电话吧，他已经来过十多次电话了，很着急。"

司想赶紧给西蒙教授打电话，但是始终打不通。他想到高空通信信号不好，于是，拿过军用卫星电话再次拨打西蒙教授的电话，一下就拨通了。

"老师，您好，我是司想。"

"你这个混蛋，你在哪里？为什么关闭电话，你这老毛病又犯了！你真是个混蛋……"西蒙教授非常激动，"好了，不骂你了。等飞机一到，等候安排。再告诉你一次，不要犯浑，你听到了吗?"西蒙教授居然在流利的英语中用上了生硬的"犯浑"这个中文词汇。

显然,司想被军方"劫持"一事西蒙教授应该早就知道了,他赶紧回复:"听到了,老师。"司想不敢多问,心里既内疚又生气。

第四章

紧急说服

两个多小时过后，地面上出现了连绵的灯火，司想已确认这是他所生活的城市。很快，直升机开始降落。在距离地面十米左右时，透过舷窗，在朦胧的夜色中，司想发现这是个机场，再通过机坪上停放的一排排军用飞机与周边建筑物的大致轮廓，司想已经辨别出这是军方专用机场了。前年，他以顾问的身份参与军方某个高空探测项目，曾在此处起降过两次。

一辆军用大巴车已在机场等候。双方军人交接完成后，司想在另外三名军人的陪护下上了大巴车。

大巴车一路疾驰，最后在一座戒备森严的军队大院里停下。三名军人陪同司想上了二楼，其中一名军人按了门铃。三声铃响后，一位年轻的军人开了门。

"请报告将军，司博士已经到了！"

"哦，好的。你们辛苦了，先到楼下的房间休息一会儿吧，请随时待命，我可能会叫你们。"开门的军人说完话，转向司想："司博士，快请进！"

这名年轻的军人非常热情，自我介绍说："我是将军的秘书，您快请坐！"

"好的，谢谢！"司想虽然有些气愤，但是依然礼貌地回复。他注意到办公室很大，窗明几净，后墙上有道紧闭的大门，侧墙上还有两道小门，都是开着的。办公室内有四张办公桌，其中亮着灯的那张办公桌上有个小桌牌，上面写着"机要秘书"字样。

司想刚坐定，还没等秘书通报，后墙上的门就被打开了，走出一位年近60岁的男子。此人一身军装，瘦削而挺拔，干净利落。

"司博士，欢迎，欢迎！"

司想赶紧起身，这位男子已经走向前来，握住了他的手。

"我叫周世清，迎接你必须庄重，我得着正装啊！另外，请你原谅，因为情况紧急，我们不得不用这种方式请你到这儿来。当然，我们也听从了你导师的意见。请你一定要谅解！"

这时，司想才注意到对方的肩章星纹，原来他是空军中将。

将军说着回过头对秘书说："快，与司博士的导师西蒙教授联系一下!"然后,司想被将军迎进了他的办公室。

这间办公室比秘书的办公室更大,几排窗户前面是张大办公桌。办公室右边的后墙上有两道门,前面墙上有两幅图和一道侧门。这两幅图,一幅是银河系星空坐标图,另一幅似乎是外星文明的科幻图。

将军带着司想穿过办公室后墙的一道门,便进入了一个书房。一排大书架前面有一个精致的大茶几,茶几上摆满了茶点和水果,周围有六把中式木雕座椅。司想坐定,秘书已经拿来卫星电话,递给司想,说是西蒙教授打来的。

司想接过电话:"老师,我是司想,您好!"

"司想啊,到了就好!他们用这种方式请你也是迫不得已,你随后会知道这么做是有原因的。"西蒙教授长舒一口气。"长话短说,有两件重大的事情。我这儿的事,相比之下,没有你那儿现在的事紧急,我后面会与你联系。你现在要做的事情,将军之前已与我们沟通过了,我们支持,但是最终还要看你自己的意见。不过,鉴于目前的紧急情况和我们正在做的事情,我的期望是……"西蒙教授停了一下,提高了嗓音,放慢了语速。

"你首先要有非常开明的心态,然后非常开明地接受并认同一些事实,最后要非常开明地履行这个职责……"

司想放下导师的电话,已经不再对被"劫持"一事较真了。

但是，到底发生了什么重大而紧迫且与他有关的事情？再联想到西蒙导师的"三非常""三开明"用词的异常，他变得非常紧张。

"你这一路很辛苦，不过，你可能不能继续休息了。我早已给你准备了茶点，你现在可以边吃边谈。"将军对司想说着，同时回过头去，示意秘书离开书房。

秘书离开，书房门被关上后，将军一脸严肃地说："全球喜鹊大迁徙这种万年难逢的怪事，不像宣传片中介绍的那样，其实专家们根本没有弄清楚原因，这个你应该早知道了……实际上，这不是什么大事，最让人感到恐怖的是，在我们可见宇宙的边缘，人类能够看到的几乎所有的星云、星系与星系团这几天正在偏移……"

"啊……"司想目瞪口呆。他知道，可见宇宙跨度超过930亿光年，而且还会更大。目前人类可以观察到的最远星系，距离地球，如果按照"共动距离"测算法测算，大约为320亿光年，即便是按照日常用的"光行距离"测算法测算，也有134亿光年。但是，这些星云、星系团同时发生了偏移，还能让如此遥远的人类感知到，这是何等颠覆人类认知的恐怖事件！而且，为何还与全球喜鹊大迁徙的时间一致？对于一个思想极度活跃、敏感的天体物理学家来说，他明白这意味着什么。他连续三次向将军确认自己是不是听错了或者是在梦中。最后，他居然站起来，要打电话给西蒙教授与他自己的研究团队确认。

"司想，司想，司想……"将军抓住他的肩膀，使劲地摇着，大声喊道。"你醒醒，你醒醒！西蒙教授刚才是怎么告诉你的？"说着，将军按了一下茶几旁的一个按钮，对面墙壁上便显示出刚才司想与西蒙教授的通话内容。"你看看，你导师说的'三非常''三开明'是什么意思，你得明白！"

"还有，这还不是重点，还有更急迫的事情，我需要马上告诉你！"将军紧张地再次摇了摇司想，以平复他的情绪，同时确认他是清醒的。

司想渐渐平静下来，将军焦躁地说："下面的谈话属于机密内容，希望你有思想准备……"

司想点点头，将军继续说："喜鹊大迁徙，宇宙边缘星云、星团移动，目前看来，都属于超自然的现象。据联合国研究中心、西蒙教授及我们最近几天的判断，不光是地球，估计整个宇宙都将发生重大事件。不过，此时此刻，我们还没有任何线索。这很有可能关乎人类的存亡，我们却是一片茫然……"

将军沉默了一会儿，接着说："既然是超自然现象，用常规的所谓科学的方式来理解或许是行不通的，得另辟蹊径。当然，常规路径的探索一点儿也不能松懈！"

"是的，两者都得兼顾！"司想的激情显然已经被激发了出来，他焦虑地应和着。

将军听到司想说"两者"时，明显有点高兴了。他继续说道："实际上，人类对超自然现象的研究始于19世纪晚期，几乎和人类能源时代是同步的。传统科学揭露了大自然隐藏的潜在能量，诸如电磁场、无线电波、电流直至后来的核弹、核能核电等，超自然现象的研究也如火如荼地在世界范围内展开。世界上几乎所有有条件的国家都在秘密进行研究。不过，后来的大多数研究效果都不显著。于是，这些研究的保密级别开始降低了。"将军看了看司想，停顿了一会儿，"不过，工作依然还是要进行的。"

司想心里想，绕了这么大一个圈子，最后终于绕到这句话来了。

将军似乎明白司想的心思，继续说道："是的，工作依然还要进行。实际上，我们现在就有这样的秘密机构和组织。"

"是吗？"司想疑惑地看着将军。

"是的！"将军盯着司想的眼睛，严肃地回答，"不过，这个组织早已转移到民间了，只是一直受到我们的保护与支持，也接受我们的指导。当然，这种保护与支持也是秘密进行的，在西蒙教授将此组织与联合国研参部'联系神秘力量的大计划'联系到一起以后，这一组织及其相关的事宜也就变成最高机密了。"

司想突然激动了起来，正想发问，将军抢先说："西蒙教授的'联系神秘力量的大计划'到底是什么？为何又与这一组织联系了起来，这个你会很快知道。我们先不谈这个，下面的事情更重要！"

司想迟疑了一下，平静了下来，说："我明白！"

将军会心一笑，然后将座椅朝司想挪了挪，继续说："如今出现了一个大问题，这个组织的实际领导者身患绝症，估计快不行了。他手中掌握着重要的且是唯一与神秘力量联系的方式，只有他选定的传代人，通过某种神秘的交接仪式后才能继承这种联系方式。这种选定是暗中进行的，如果被选中的人不同意接手，那么这一联系方式便可能失传。特别是在当下我们面临宇宙很可能出现大危机的情况下，如果失去了这种联系方式，就会断送解开'人类是否存在危机与化解危机'谜底的重要途径……这是个令人恼火的重大事情啊！"

将军说着，焦虑但略显神秘地看着司想。由于距离太近，司想既紧张又尴尬。

"呵呵，是啊，这个途径很重要啊，但是，但是似乎与我没多大关系啊！"司想一边往后挪动座椅，一边看着将军盯着他的那双眼睛，机械地"拉动"脸皮，自我解压似的笑了笑说，"那个被选中的人该不会是我吧？"

"哈哈哈哈！"将军仰头大笑，又突然停止，凑近正在后挪的司想，语气缓慢、低沉而清晰地说，"选中的就是你啊！"

"不会吧，不会吧！"司想说着，脸上机械的笑容消失了，像触了电似的，呆坐在那里……

这时，将军将座椅往后挪动，与司想保持了一段距离，静静地看着他，冷静、自然得如同在实验室里观察青蛙的条件反射实验一般。

大概两三分钟后，司想说："不可能，这是不可能的！"

将军没有出声，沉默了一会儿，似乎是自言自语但很清晰地说："我们每个人来到这个世界上都有自己的责任，都要为自己的责任活着。你的能力有多大，别人对你寄托的希望就有多大，你就得负责任……我们是男人，男人就得有男人的样子！"

"如果选择了我，那总要有个理由吧？"司想反问。

将军没有回答，突然站了起来，靠近司想，一双炯炯有神的眼睛盯着司想的眼睛，说："第一，我以我近40年的军旅生涯，以我的父亲，以我如今这个所谓的地位对应的责任作为担保，我刚才所说的话绝对是真实的！第二，这个组织的实际领导者选中的就是你，明白吗？第三，西蒙教授也知道这件事，他说的'三非常''三开明'所强调的事情指的就是这件事。第四，事情、时间很紧急，之前又与你联系不上，所以我们采取了非常手段。这一切的一切，表面上是为了你，实际上很可能关系到整个人类的存亡！你可得明白，你可得清醒，你可得做出正确的选择啊！"

说完这些话，将军慢慢地走向了窗边，看着外边茫茫的夜色。

两个人，一位坐着，一位站着，一动不动，像雕塑一样，足足沉默了20多分钟。突然，司想站了起来，声音洪亮地说："将军，我接受！"

将军并没有转过头来，而是长长地舒了一口气。他那一直僵直的身体突然酥软了，他不自主地蹲了下来，双手抱着自己的头，好像在啜泣。大约两分钟过后，将军突然站了起来，如释重负般地连连说着"好，好，好！"

"你确认？请再说一遍！"

司想点了点头，又说了一遍。将军居然像小孩一样围着茶几激动地跑了两圈，然后紧紧地握着司想的双手。

司想被将军这一系列怪异举动搞蒙了。

"司想啊！已经没有时间了，你得赶快跟我走！我们去见一个人！这次短暂的见面，我们谈了这么多重要的事情，你肯定有很多疑惑，这个以后告诉你，该履行的手续、程序等之后再进行吧！注意，关于组织的事情，只有你、你导师、我与我的上级知道，而且随后我还要与你签署一份保密与保证协议。"

将军说着，带着司想急匆匆地走出门去，招呼着秘书，然后再回过头来，对司想说："你将见到的这个人，就是这个组织的实际领导者，他的名字叫作张一涵。他在医院，医生已经是第三次给他下达病危通知书了。一般凌晨四五点是生命最脆弱的时刻，现在正好是4点26分。"

司想既震惊又疑惑，问道："既然他早已选择了我，为何现在才与我联系，还是以这种方式联系我……"

"这个问题很重要，我以后会详细地告诉你。你现在千万不要有什么情绪，以免误了大事！"将军打断了他的话，转身向楼下跑去，司想跟在他后面。将军像是在自言自语："50多年了，我和他几乎是在吵闹中度过的，分歧很大。这个浑蛋、疯子，一根筋的执着狂！不过，他是个好人，这下我将失去一生中最好的朋友、兄长了……"

秘书与刚才从机场送司想来的三位军人已在大院的车旁等候，将军与司想等一行六人上了车，向医院疾驰而去。

几乎与此同时，远在地球西半球的纽约，在联合国总部大厦内，正在进行着由联合国秘书处组织的一场令人恐怖的秘密会议。

第五章

大恐怖

北美时间 5 月 15 日，由联合国秘书处组织的全球最高级别的秘密会议召开，参会者有来自 20 个国家掌握实权的总统、首相、主席或总理（为方便叙述，以下统称"元首"），有新组建的"联合国宇宙现象研究参谋院"（简称"联合国研参院"）选派的 10 位世界顶级科学家，外加联合国秘书长和一位副秘书长。

联合国研参院的前身是联合国研究中心，即喜鹊大迁徙联合观测研究中心。联合国研究中心当初在向全球公布所谓的《全球喜鹊大迁徙事态分析与形成原因的重大研究报告》后，名义上宣布解散，实际上一直都在加强队伍建设、拓展研究的深度。不过，就在前几天，联合国研参院突然发现整个宇宙出现重大情况，其中有关联的十余位科学家便从中退出，与增补的 30 多位包括天文学家、天体物理学家、实验与理论物理学家，核与量子物理学家及其他与尖端科技有关的领域的顶级专家一起，组建了现在的联合国研参院。联合国研参院设置了行政负责人与技术负责人，他们分别是联合国秘书处秘书长和西蒙教授。

这次会议在一些元首的提议下，先由专家对宇宙全景状况做简单汇报，以便大家能够顺利地交流。部分参会者戴上了同声传译耳麦，一位天体物理学家利用会议室前面的屏幕，做了大约十分钟的报告，大致内容如下。

银河系属于本星系群，本星系群包含的星系最新数据显示远超85个，覆盖区域直径约为1000万光年，中心位于银河系和仙女座星系中的某处。本星系群又属于覆盖范围更大的室女座超星系团，该超星系团又名本超星系团，包含约100个星系群与星系团，覆盖区域直径约为 2 亿光年，其形状类似平底锅里的薄饼，其中心基本上位于室女座星系团。

本超星系团属于拉尼亚凯亚超星系团。拉尼亚凯亚这个词来自夏威夷语，意为"无尽的天堂"。该超星系团有300～500个星系团共约10万个星系，其中的星系团包括我们熟悉的长蛇座星系团、半人马座星系团、天炉座星系团、波江座星系团和矩尺座星系团等，覆盖区域直径为5.2亿～5.5亿光年，质量相当于银河系的10万倍。

在拉尼亚凯亚超星系团外是双鱼—鲸鱼座超星系团复合体。该复合体是一个很大的纤维状结构，大约10亿光年长，1.5亿光年宽。即便这个复合体已经足够大了，但它还是不及13.7亿光年长的"斯隆长城"。当然，本超星系团也只是属于双鱼—鲸鱼座超星系团复合体五大主纤维上的一个很小的部分而已。

注意，为何出现"纤维""长城"这些概念了呢？在宇宙中，从星系到星系团再到超星系团，在重力作用下，它们错综复杂地交织在一起，远远看去，就像无数的丝状结构。这些结构再相互交织，就构成了很大的纤维状结构，就像一张巨大的网，而这些纤维组成了宇宙空洞的边界。在这张网上，比较粗大的纤维像长城一样绵延不断，故又有"长城"的称谓。

所谓的宇宙空洞，比如最著名的牧夫座空洞，距离地球大约7亿光年，直径大约2.5亿光年。之所以被称为空洞，是因为在这个区域内根本没有星系存在。我们知道本超星系团的直径大约为2亿万光年，由此可见，这个空洞特别巨大。

如丝如缕、相互交织，因此，从拉尼亚凯亚超星系团开始向外，就不容易确认这些宇宙结构的边界了。

实际上，除了"斯隆长城"，还有更大的宇宙结构体，比如 2016 年由西班牙某天体物理学研究所发现的比"斯隆长城"还要大的"老板长城"。

此外，还有巨型超大类星体群如 Huge-LQG 等，Huge-LQG 可能是一组由 73 个类星体组成的超大类星体群。最著名的当属"武仙－北冕座长城"了，它是纤维状结构的一部分，是以重力结合的巨大星系集群，最长端横跨约 100 亿光年，另一端的长度则达 72 亿光年，距离地球约 100 亿光年，它是 2013 年被发现的。

此外，就是我们可观测的宇宙或可见的宇宙了，又称哈勃体积，是以地球观测者为中心的球体空间，半径约为 465 亿光年，直径约为 930 亿光年。

可见宇宙外可能还有更大的宇宙，因为人类还无法观测，这里就不妄下定论了。

在听取报告的过程中，有一两位元首先后打断报告并提问，他们对宇宙中某些宏大的复杂结构感到惊讶。

"目前的情况是，在本超星系团外，几乎所有我们观察到的星系、星系团、超星系团都发生了位移与变动。"西蒙教授用光点坐标在可见宇宙全景模拟图上画了一个圈，神色凝重地说，"按照目前人类的科技水平与认知能力，我们一致认为，这个可能是宇宙自产生以来最严重的大事件了……"

会场一片死寂。大家似乎都变成了小孩，呆呆地看着西蒙教授，好像西蒙教授是一位能够揭示生死秘密的智者。

西蒙教授似乎变得焦躁起来，不过，多年的职业经验迫使他镇定下来，他说："各位元首，我们对宇宙这次巨变总结出六大超级现象，这些都是严重违背人类现有科学，突破我们的认知极限与想象极限的……"

西蒙教授环视了一圈这些呆滞的眼神，接着说："第一，130多亿光年外的星云、星团等这些宇宙结构，如果我们能够看到明显的变动，那么，这种变动是非常大的，位移的绝对距离至少相当于跨越了银河系甚至更远。"

"可见宇宙半径达465亿光年，为何说我们看到的只有130多亿光年呢？"有元首提问了。

"130多亿光年是没有考虑宇宙膨胀因素而测量的距离，即'光行距离'。如果按照'共动距离'测算法，即考虑宇宙膨胀因素，那么，这些星系距离地球300亿~320亿光年。人们普遍认为，宇宙诞生于138亿年前，跨度约为930亿光年，这一数据也是使用'共动距离'测算法测算出来的结果。为了便于报告，我们统一了口径。'一位专家解释说。

"天哪，在可见宇宙中，像一粒尘埃的银河系，其侧面的一个很小的部分就能横贯我们从地球遥望到的整个星空。如果整个可见宇宙发生变动，那是何等的巨变啊。"一位元首喃喃自语。

"第二，这些变动的时间很短暂，速度远远超出了光速，"西蒙教授继续说，"它打破了狭义相对论等经典理论中'天体不可能超光速运动'的铁律，只能属于'空间跃迁''空间跳跃'这类量子理论或超弦理论中的假说现象。"

"第三，由外向内，从130多亿光年到2亿光年，跨越如此长的距离，这种巨变在短短几天内就这样依次发生了，这是不可描述的，也是不可想象的，根本不可能的事啊！"西蒙教授只能反复地重复这些苍白无力的词汇，"然而它确实发生了……大家知道，我们看到的任何东西，都是光反射到人眼或各类不同波长的波传导到天文观测仪器上才能被看到或观测到的。这些跨度在两三亿光年到100多亿光年的宇宙结构或复合体发生的震荡，我们如果现在能看到或搜寻到，那也应该是数亿、数十亿甚至数百亿年之前已经发生的事，怎么可能在几天之内同时被观测到呢？"

大家听得目瞪口呆。

"我一直认为，宇宙是个'全息图'的观点似乎有一定的道理。也就是说，可见宇宙的边缘，即'视界'是一张膜，膜是二维的，编码着我们三维宇宙的全部信息，我们所看到的三维宇宙空间与万物，都是这个二维膜投射出来的影像。"在长时间的沉寂之后,一位日本科学家说话了,"这样,我们从二维膜的平面上来解释这一怪异的现象,或许能变得容易些。"

"是的,自从 1997 年以来,全球支持这个观点的论文已有一万多篇。而且,我的团队研究了宇宙微波背景中的大量涨落现象,从中也发现了强有力的证据来支持这种理论。"一位加拿大天体物理学家插话说,"不过,这仅仅能够支持早期宇宙的'全息'解释而已,这个全息影像宇宙或许只存在于宇宙诞生早期的那二三十亿年内。"

其他一些科学家似乎感到不屑,纷纷表示现在不是争论宇宙的产生属于什么理论的时候,得尽快让这些元首们知道宇宙到底发生了什么,正在发生着什么。

于是,西蒙教授接过话题,"第四,这种变动从可见宇宙的边缘一直向内,也就是朝向我们所在的本超星系团的方向,似乎这些宇宙结构、复合体巨变位移的程度在逐步降低,这是唯一能够让我们感到一丝安慰的事情。"西蒙教授停顿了一下。这些元首们的眼睛里突然有了点生气,像看到了微弱的希望之光。

"但是,在具体星系或星系团的内部,各类天体活动的激烈程度似乎没有丝毫降低的迹象,这是严重不合物理规律的!"西蒙教授补充道。

希望之光熄灭了,大家又陷入了黑暗的深渊。西蒙教授感觉很压抑，不过他继续陈述："第五，按常理，这些怪异的现象都应该是有前兆的，然而，此前哪怕是一丝一毫的有关征兆，全球所有的天文设备都未曾有过观测记录。这是绝对不符合实物天体运行'因果律'的，这种现象和喜鹊大迁徙一样，毫无预兆地发生了。"

"啊，啊！喜鹊大迁徙的事与现在的事相比，前者就是一粒芝麻啊……哦，不对，是一个基本粒子而已啊！"一位南美科学家嘟囔着。

西蒙教授回过头去看了看这位科学家，继续说："第六，按照人类现有物理常识、理论与认知来理解，这个涉及整个宇宙的'大地震'在过去的130亿年里，我们的本星系群、银河系、太阳系等为什么没有感知到这些灾难呢？"

"什么？这，这是什么意思？"有几位元首根本没有听懂，追问西蒙教授。

"西蒙教授讲了三层意思。一是如果按照现有人类科学、物理理论与常识来判断，当下宇宙的巨变应该发生在130多亿年前。二是既然在130多亿年前，诞生仅8亿年的新生宇宙就发生了如此巨大的变化，这个变化几乎是毁灭性级别的，那么，可见宇宙就会受到巨大的冲击，甚至可能被毁掉。三是在这130多亿年里，我们的本星系群、银河系、太阳系等，不仅没有被毁掉，而且还诞生了诸如人类一样的高级生命。"一位专家补充后，还做了一个比喻："就像一颗原子弹爆炸了，它本应让周围的东西瞬间气化或粉碎，然而，在爆炸区域内却出现了一个完好的玻璃房子。"

"这是绝对不可能的！这是绝对违背了规律与常理啊！"几位元首惊恐地唠叨着。

西蒙教授汇报结束后，主持会议的联合国秘书长与其他几位组织者商量暂停会议，并打开会议室的大门，让服务员们送来水果、茶点等，希望大家放松一些。

以往在会议的间歇，参会者总会进行交流、互动，有时还很热闹。然而这次，大家要么机械地去吃水果，要么就坐在自己的位置上大口大口地喝着水。看到这种情况，秘书长只得宣布会议继续。

西蒙教授说："我刚才介绍了大致情况，现在我们来看距离本超星系团最近的宇宙复合体中的一种特殊情况。"

于是，一位名为卡鲁·乔治的天体物理学家开始了汇报，他说："拉尼亚凯亚超星系团由三大部分组成，其中有一个部分名为长蛇—半人马座超星系团，这个部分包含拉尼亚凯亚超星系团的重力中心，又称'巨引源'。这个引力发动机就在本超星系团的旁边。"卡鲁·乔治说着，将宇宙全景图放大，向参会者指明具体的位置，"我们知道，在特定超星系团内，所有星系的运动都会朝向超星系团的质量中心。然而，在拉尼亚凯亚超星系团内，星系却都朝向它的重力中心'巨引源'移动，因此也影响了银河系所在的本星系群和其他超星系团内的星系。最为关键的是，这几天我们观察到这个'巨引源'的效能明显增强了。我们推测，这种增强的力量几乎是灾难性的，会冲击到我们所在的本星系群。"

"会影响到我们的银河系吗？"一位南欧元首突然插话了。"最新研究表明距离我们银河系最近的、规模是银河系两倍的仙女座星系正在加速靠近银河系，预计这两大星系将在未来发生撞击，这次宇宙巨震会不会导致两大星系的撞击提前发生呢？"

"如果这两大星系撞击，届时包括太阳系在内的数以千万计的恒星系将会被毁于一旦吧？"一位亚洲元首接过话题。

"撞击并不可怕，两大星系的融合才最可怕。"卡鲁·乔治虽觉得这个问题有些扯远了，但他依然解释说："比如太阳与最近的恒星比邻星相距 4.22 光年，太阳的直径约为 140 万公里，这个距离，就好像从地球的南北两极相向开出了两辆汽车，根本没有碰撞的可能性。而两大星系的融合就截然不同了。比如距离银河系 250 万光年的仙女座星系，其中心黑洞比银河系中心的黑洞要大得多，质量为太阳的 1 亿倍左右。如果它们融合，无异于 1 亿多个太阳瞬间碰撞，一场超级大爆炸必将发生，激发出的引力波必将在几万光年的范围内产生如海啸一般的威力。"

"银河系与仙女座星系的融合，之前你们不是预估这是 30 亿年到 50 亿年后才可能发生的事情吗？"一位来自欧洲的元首插话。

"这次不同，正如西蒙教授前面介绍的那样，整个宇宙的巨变非常奇怪，很多情况不是超光速的问题，而是实现了'空间跃迁'或'空间跳跃'，是瞬间达成的。"一位专家回答。

"那意味着什么呢？"一位元首条件反射似的问。

"那意味着什么？你说呢？"大家都听得胆战心惊。

"毁灭！"有元首小声地说。

大家再一次沉浸入无限的恐惧之中。

"不，不，不，"这些科学家们突然回过神来，有人大声说，"卡鲁·乔治教授已经被你们引入歧途了，他仅仅是沿着你们的思路，给出了一个假设情况下的解释而已！"

"是的，另外关于卡鲁·乔治教授所说的'巨引源'，这个也仅仅是给大家介绍一下本超星系团之外距离我们较近的一个超星系团的变动的特例而已，这还是很遥远的事。就好比你在地球上某条街道上骑自行车，你担心在海王星上会有一辆汽车开过来把你撞倒一样。"有专家进一步解释。

"不是吧？你们不是说根本没有按照现有的物理规律运行，而是像'空间跃迁'或'空间跳跃'一样在短时间内发生巨变吗？"十多位元首反驳道。

显然，大家都陷入了巨大的恐惧之中，思维因此似乎有些混乱。

"呵呵呵，"西蒙教授强装轻松地说，"是这样的，我再强调两点。第一，我前面已经提到，这几天整个宇宙的巨变从外到内的震荡依次减弱，尽管具体星系内部的强烈程度没有改变。第二，之前我没有提到，是不是也有这种可能，那就是，宇宙的巨变或将止步于本超星系团呢？"

"哈哈哈，简直是天方夜谭！"一位元首抹了一把额头的冷汗，发出了怪异的笑声。

"不过，近一天的观测数据显示，宇宙的巨变没有按照预期的方式推进，似乎在整个本超星系团外围暂时停下了，虽然才停了一天而已。"西蒙教授回应道。

所有人都竖起了自己的耳朵，就像是在濒临死亡的沙漠中，突然看到了远处沙丘上的一抹绿色。

"这可是比西蒙教授之前总结的关于宇宙巨变的六大超级现象更离奇、更没法解释的事情。宇宙巨变怎么可能突然停下来呢？然而它确实停下来了，虽然只有一天。所以，我们判断，判断……"一位科学家想补充，最后却因顾虑太多没有说出来。

"判断什么？快说啊！"三位元首大声地吼着。

"判断，判断，按照我们整个科学家团队所能穷尽的知识，判断，判断，我们认为或许存在某种神秘的力量……"这位科学家结结巴巴地说。

"胡说，你们就这点能耐！"那三位元首怒不可遏。

之后是长时间的沉默。

"能再详细说说吗？"有元首打破了沉默。

"生命在这个世界上诞生，那是亿万万分之一的几率啊，然而它就奇迹般地诞生了；生命再演化出智人，那也是亿万万分之一的几率啊，然而奇迹也就这样发生了……虽然宇宙巨变只暂停了一天，但是，但是……哎，我们认为，不排除有某种神秘力量存在的可能性！"

西蒙教授回应着，心却在滴血。作为全球科学界领袖的西蒙教授，在此情此景下，他竟然也只能把宇宙大变动的成因和终结，归结或寄托到自己大半生都鄙夷不已，且为业界"不能随便说出口的生存大忌"的神秘力量上。这种巨大的苦楚和悲凉，别人是难以理解的。哎，打掉牙和着血往下咽吧，现在已顾不了那么多了！西蒙教授在心里默默地安慰自己。

"荒唐，荒唐，荒唐！"几位元首几乎同时发出声来。不过，他们又都沉默了。大家似乎都明白一个道理：人在激流中挣扎，突然有一条水草出现，他一定会拼命去抓。大家甚至还愿意相信会有"奇迹"出现,或许那是大厦将倾时唯一还能支撑我们的"精神独木"吧!

实际上,西蒙教授在说这些话时,他所领导的联合国研参院早在三天前便秘密地开启了与神秘力量联系的大计划。

这时,西蒙教授再次环顾了会议室内的精英们,他突然发现有一双眼睛正在盯着他,不,是一直都在盯着他。也就在此时,西蒙教授才注意到这张脸几乎保持同一种表情,这种表情就是没有表情。而且,自从会议开始以来,他就没有说过话。

"各位,西蒙教授已经说过了,宇宙巨变暂停了一天,这很重要……"这个从未开口的人突然出声了,声音虽很小,但很清晰、很有力量。整个会场安静了下来,"我觉得大家不妨先在这里再等一天看看,不过,现在最重要的是……"

大家都紧张地盯着他,他继续慢条斯理地说:"现在最重要的是,巨大的宇宙震荡还未到达太阳系之前,如果人类因恐惧而导致精神崩溃,那么整个社会就会顿时陷入混乱,巨大的混乱……"

整个会场只能听到大家急促的呼吸声和前方屏幕传来的微弱的电流声。

很长时间后,其他元首突然开始说话,会场躁动了起来。

这些精英们知道,人性在精神崩溃与大混乱之下的疯狂是何等的恐怖！在人类演进的历史长河中，那些毫无底线、丧失人性的恐怖事件，有记载的都是数以万计啊！更何况，这次危机与以往的任何一次人类的危机都不同。

"安静，安静！"联合国秘书长用手使劲地拍打着桌子，会场才渐渐安静下来。

这些哪怕拿出他们的一丁点专业知识都能"压"死一群元首的世界顶级科学家们，当面对这帮娴熟于掌控人性、玩转社会的元首时，他们似乎变成了一群十足的"小学生"。于是，场景出现了"翻转"：这10位科学家似乎突然变成了一群小孩，目光呆滞地望着20位元首。

"所以我提议，"那个人又说话了，西蒙这时才注意到他是欧洲X国的元首史冈·凯奇，"马上将宇宙巨变的信息列为最高机密，全球封锁，仅今天参会的人知情，未来可以将知情人数扩展到最多一百人。"

会场先是鸦雀无声，随后，人们陷入了激烈的争论中。在这个过程中，有人大声提问："今天暂停在本超星系团边缘的宇宙巨变，人们如果要观测到它，需要具备哪些技术？"

"宇宙巨变发生在两亿光年外，如果要分辨出星系、星团等的明显变动，太空观测与巡天设备需具备很高的分辨率和灵敏度，所以难度还是很大的。不过，全球具备这些条件的天文台、空间观测站等,我们都能够控制。"西蒙教授说。

很快,大家达成了一致意见。

虽然我们一再强调人们应该有知情权、参与权,但由于宇宙巨变等信息可能会引发内乱,我们一致决定,暂时对宇宙巨变等信息进行全球性全面封锁。之后,需要视情况在未来某个恰当的时候,逐步向人们公布相关的真实信息。

对此,我们成立"宇宙巨变全球应对指挥部"(简称"全球指挥部"),各类相关工作由全球指挥部统一研讨、指挥与实施。最后再次强调,对宇宙巨变等信息进行全球性全面封锁只是暂时性的。

随后,所有参会者在这份意见书上签署了自己的名字,意见书由刚刚成立的全球指挥部秘密保存。不过,为了不引起怀疑,这个新成立的机构依然沿用联合国研参院这个名称。

这次秘密会议一直进行到晚上九点半,参会元首和部分专家像陷入了一场极度恐怖、离奇的噩梦,反复地被惊醒,又反复地被拉入噩梦。他们不仅开始怀疑这个世界,怀疑人生,甚至怀疑他们所看到的一切东西都不是真实的。

会议结束时,当大家陆陆续续地走出大门,一位元首竟然

径直走向会议室左边那道雪白的墙壁,被服务员及时拦住才没有撞破额头。"我以为这面墙是假的。"这位元首双眼无神地自言自语。

会后,联合国研参院立即行动起来,建立了保密部门,制定了详细的信息分级收发、传送的保密制度、措施与流程,并建立了严格的监控、权责对等机制与执法机构。之前,全球第一份有关宇宙巨变信息被发布时,联合国研参院便进行了保密处理。联合国研参院还连夜与全球能够观测、接触到宇宙巨变各类信息的科研、观测、行政和军方等机构的人员分别签订了不同级别的保密协议,以确保宇宙巨变的信息被有效封锁。

6月16日,大家在联合国的会议室里又胆战心惊地待了一整天,确认宇宙巨变趋势暂时还没有向内继续蔓延后才纷纷离去。

第六章

临危受命

5月16日凌晨4点47分,将军与司想一行人赶到位于城西的一家部队附属医院。医院大门口灯火明亮,从远处便能看到三位医生已早早地在那里等候。秘书吩咐随行的三名军人在车上随时待命后,便和司想、将军一同下了车。

三位医生给将军行军礼,将军挥了一下手表示回礼,便急匆匆地奔入大厅。大家赶紧跟上,一行人乘电梯向楼顶而去。

"将军,已经第四次下达病危通知书了!"一位医生说。

将军没说话,上楼后,第一个奔出电梯,向右手边的第四间病房冲去。门口的守卫右手行着军礼,左手已早早地将房门打开。将军进门,一位护士紧跟着走出来,守卫便把房门紧紧地关上,将其他人挡在了门外。

过了一会儿,将军从病房中出来,招呼司想进去。

司想急忙走进病房,发现是个套间,就向里间的病床快步走去。看到病床上躺着一位虚弱的病人，司想心想他就是张一涵先生了。病人似乎刚刚经过抢救，摘下的氧气面罩还放在床边的柜子上。

"张先生，我是司想。"司想弯下身子向病人问好。

病人的眼睛渐渐睁开，微微露出了一丝笑容，然后，他断断续续地说："司想，司想啊！我——我——我，一直在等你啊！你，你终于来了！靠近些！"

司想赶紧再凑近些。病人的如柏树皮一样干瘪的面孔似乎红润了起来。

"你想想，曾经有人说过，这么宏大的宇宙，如果没有其他智能生命，那不就太浪费了吗？正是这个信念，让我将毕生献给了这份事业！"

这时，司想突然发现病人说话的声音清晰了起来，他简直不敢相信生命垂危的人还能这样说话。

"与其说是事业，不如说是我的偏执。我度过了悲惨的一生，非常悲惨。但是，我愿意，我满足！"张一涵看着水杯说着。司想赶紧拿起水杯递到他嘴边。张一涵喝了一小口，润了润喉咙。

这时，病人居然在司想的搀扶下坐了起来，他递给司想一大串水晶项链和一条水晶手链，告诉司想这是从他父亲也算是师父那儿传下来的，属于单传的最重要的物件，是与神秘力量联系的信物。之后，病人交代了仪式和联系的要领，还颤颤巍巍地给司想演示了两遍。仪式和联系方式非常简单，出乎司想的意料，当然，司想都一一熟记于心。

张一涵似乎明白司想的疑惑，他提示说："文明程度越高，联系的方式就越简单。"

"另外，我观察你很久很久了，几乎从你高中开始。不过，不要太过于相信他们和你周围的人，但你必须与他们联系，要用无限发散、包容的思维接受和思考一切。注意，是无限发散和包容的思维，你懂吗？这是我们的事业！"说完后，病人紧紧地抓住了司想的手，渐渐地闭上了眼睛，脸上的红晕也缓缓地从两颊散去。

司想托着病人沉下去的头，眼泪不由自主地流了下来。突然，他意识到刚才病人脸上的红晕可能是回光返照，他本能地大声叫喊。这时，门外的人几乎一起冲进了房间，医生们迅速展开抢救。

在混乱中，司想感到一只有力的大手抓住了他的肩膀，将他拖到了外间。"怎么样，怎么样？司想，司想……"那声音几乎是吼出来的。

医生们都被这突如其来的吼声吓得怔住了，顿时停了下来，向外间看了看，然后又投入到紧张的抢救中。

发出这吼声的正是将军。"已经全部满足你了，将军！"司想非常不满地盯着将军的脸，同样吼叫着回应。

那是一张渗满汗水的脸，额头上五颗大汗珠慢慢地滑进了那双焦灼的眼睛，之后脸上泛起了微笑，"好啊，好啊！你有种，真有种，我爱死你了！"将军向病床慢慢走去，眼睛死死地盯着抢救的医生和张一涵垂在一边的头，右脚不停地焦躁地跺着地面。

大概半个小时过后，医生们停止了抢救，转过头来向将军投来无奈的目光。将军突然冲上前去，抱着已经死去的张一涵号啕大哭，大家先是一愣，很快便跟着流泪或啜泣了起来。

"你这个混蛋，你就这么走了，正在这个节骨眼上，你，你就这么走了……"在哭泣声中，将军反复念叨这句话。

十多分钟后，将军突然停止了哭泣，回过头对一位医生说："院长，你们协助这个组织选择一个好日子，在他老家，不，在他父亲的老家找个好地方，把后事办好。记住，要隆重些，他生前说过，希望死后被土葬。我要亲自为他扶棺。"

随后，将军、司想与秘书在医生们的陪送下下了楼。这时，司想才发现大厅中有一群人，大约30位，一齐向将军与司想鞠躬。将军赶紧拉起司想的手，低声说："这是神秘组织的各地代表，现在不要管他们，我们还有重要的事要办。"

一行人默默地回到了将军的办公地。他们在将军办公室左侧的小餐厅里用早餐,大家都沉浸在悲痛中。

用完早餐,秘书也没打招呼,就离开办公室并将大门关上了。

"我知道你有很多疑问,现在可以给你解释一下了。"将军略显疲惫地说着,坐在背靠大窗的硬皮沙发上,司想便在他右手边的另一张沙发上落座。

"关于张一涵的身世与具体情况我就不再与你细说了,以后你会慢慢知道。"将军看着司想说,"实际上,我们,不,是张一涵选中了五个人作为传代人,你只是其中的一位。"司想有些惊讶。

"另外四个人,一人自杀,一人失踪,剩余两人已经疯了。"将军慢条斯理地说着,司想警觉了起来。

"两个疯了的人,是张一涵最后一次,也就是十年前与神秘力量联系之后就疯了。自杀的那位是去年冬天他与张一涵在某个边疆小镇的小酒馆见面之后就自杀了。失踪的那位是四天前失踪的,当时我们将他送进医院准备见张一涵,但却在厕所里莫名其妙地消失了,没有留下任何痕迹。我调用了一个连的士兵与当地警察,花了一整天时间,几乎找遍了城市的每个角落都没有找到他的身影。"将军面无表情,司想却听得毛骨悚然。

"完了,看看,这事就快完了。"将军有些激动了,"我就到医院去找张一涵,问他还有其他人选吗?张一涵紧紧地闭着眼睛,一句话都不说。我一天去了五次啊,他一直都这样。我都快疯了,骂他是条顽固的狗,到死都不改本性……你知道吗?"将军的眼睛里闪烁着泪花,司想也紧张了起来。

"直到昨天晚上,8点20分,就在医院第二次下达病危通知书后,张一涵居然从病床上爬了起来,歇斯底里地大喊要见我。一个濒临死亡的人,不知从哪里来的这股力量,我惊愕不已。然后,就是你了!"将军十分激动,用手抹了抹眼睛,"后来我想,他哪里是顽固啊,那是他一生经历了太多痛苦与挫折,他一直都在纠结是不是要将这个秘密带进坟墓啊!"

之后,是长时间的沉默。

"你,司想啊!"将军再次抹了抹眼睛,平静了下来,话锋一转,"你一直只是他最后的一个备选。按照张一涵的意思,你缺乏一些东西,这些东西有两种极端的可能性,要么就会很安全,要么就会很危险。"将军停顿了一会儿,像是在安慰司想一样,"不过,你缺少的东西,绝不是你那出类拔萃的洞察力与学术能力啊,这个是我敢肯定的。"

对于一向志得意满的司想而言,这番话无疑击中了他那强烈的自尊心。司想本身正在忐忑不安地想着要不要再继续这项属于将军与张一涵,他自己并不喜欢而又非常危险的事业。但是,这么一来,司想反倒坚定了"试一试"的决心。虽然如此,但是司想依然在心里骂着:你真是一只狡猾、难以对付的"老狐狸"啊，将军。

"实际上，西蒙教授他们在几天前，已经在全球推行了九大这样的计划，我们属于亚洲中国计划。这个计划的名字就叫'黑马'，这也是这个中国组织原来的名字，即'黑马组织'。"将军变得热情起来，看着司想，"接下来，我们还要签署保密协议，并确认你和我的关系、职责。"

此时此刻，司想纵然有一百条令他不舒服且不愿意的理由，但是出于自身的担当、对导师的信任及地球可能面临的巨大危机等原因，他左思右想，也只能按将军说的做了。

"另外，西蒙教授之前已经与我通过电话了，说他正在参加一场非常重要的会议，让你今天不要给他打电话了。当然，即便是打电话也解决不了问题。"将军停了停，更像是自言自语，"没有人能解决问题，我们或与我们类似的工作或许才是救命的稻草。"在与司想办完各类手续后，将军说了这些让司想摸不着头脑的话。

"还有，鉴于张一涵之前的拟传代人都发生了严重事故，所以，我要对你的生命负责，我已经给你安排了三位保镖，配备了目前世界上最尖端的监测与安保装备。你得明白，这不是在监控你！我已经三天三夜没有睡觉了，我得睡一会儿，估计你也累了，具体的事项我的秘书会告诉你。"将军说。司想起身与他告别。

第七章

神秘计划

在联合国秘书处于北美时间 5 月 16 日召开第一次最高级别的秘密会议之后，名为联合国研参院，实为全球指挥部又召开了三次会议。不论是白天还是晚上，本可通过远程加密视频模式参会的这些元首都从各地飞来，全程参与会议研讨和对各类应对方案、措施的表决。

十天过去了，联合国研参院专家委员会依然没有发现任何可以解决宇宙巨变的方法，人类积淀下来的数千年的一切科技、知识似乎全部失效了。不过，好在宇宙巨变依然停留在本超星系团的外围，似乎还出现了减弱的迹象。

5 月 26 日，联合国研参院收到了加密信息，解密后的信息为全球九大神秘力量联系计划几乎全部遇到了挫折，目前已有 26 人神秘消失、8 人被确认为生理性死亡。对此，大家陷入了无尽的悲哀与恐怖之中。

5月27日，联合国研参院收到了让人振奋的信息：中国与南美洲的神秘力量联系计划有了进展。其中，生活在安第斯山脉中段森林中的古老印加人后裔，由五人组成的小组，在部族盛大的仪式中已经被突然出现在空中的大型烟嘴形飞船接走。

另外，中国的司想、符奎和黄可成组成的三人小团队，在秦岭太白山附近举行的简短的仪式中，司想和黄可成被飞船带走，符奎被留下。符奎被连夜送达联合国研参院。

西蒙教授和另外三名有着相关文化、神秘现象研究经验的专家立即接见了符奎。

"当时，我们的仪式才刚刚开始，天空便暗了下来。有一艘梅花状的飞船出现，突然三束浅蓝色的光柱射了下来，将我们三人分别罩住。然后，我似乎失去了知觉。后来，我好像在上升，耳边有呼呼的风声。很快，一道炫目的黄金色的门挡住了我。我听到了'符奎不适合'的声音。"符奎停了一下，想了想说，"不，这个声音应该是在潜识中产生的，声音很微弱但非常清晰，有一种奇妙的感觉……"

四位专家与符奎的眼睛张得大大的，他们对视着，从一开始到现在都是这样。符奎赶紧转移视线，大口大口地喝咖啡。

"你确信司想和黄可成被带走了？"一名专家问。

"应该被带走了。在我感知到让我留下的那句话后,我便立刻回到地面。我当时非常紧张,几乎快要晕倒了,但我依然清晰地记得,我向四周张望,司想和黄可成确实不见踪影了。那艘飞船也不见了,天空瞬间变晴,好像什么都没发生一样。后来,我还比对当时站在远处的其他同志拍下的照片,一一对照回忆,几乎都对照得上。"

西蒙等四名专家随后仔细研究了相关照片,一个细节一个细节地反复对照和询问,像是放风筝的人在狂风中紧紧拽住那根随时都有可能被绷断的线一样。他们就这样足足花了两个多小时。

随后,西蒙等四名专家将接见符奎的录音、录像、记录与相关照片等全部资料建档签字,作为最高机密封存,以便在事态进展的过程中追踪、调阅与研究。

当符奎经历了这一切之后,他越来越觉得不对劲了。他一直认为这只是"黑马组织"联系神秘力量的一次常规行动。他什么都没有做,居然会连夜被接走,并与全球顶级专家对话。特别是西蒙教授,他是曝光率极高的学术界领袖,有时当他在媒体中出现时,连一些国家的元首都跟在他的后面。这种高级别的待遇,让符奎甚为震惊,这也让他说出了下面的担忧。

"各位专家,似乎你们很重视这件事,但是,也不要抱太大期望,也应该把精力和心思放到其他办法上。这种情况也可能是被劫持。"

"什么？被劫持？"一位专家紧张地问。

"被劫持意味着什么？"西蒙教授打破了沉默，缓缓地问。

"如果是被劫持，只有两种可能。"符奎停顿了一下，"就是被劫持者能回来与永远回不来两种可能，后者也就是永远消失的意思。如果还能回来，又有五种情况。一是被劫持者的记忆被全部消除，像什么都没有发生过一样；二是被劫持者失去部分记忆，有一些事情还能够记起来；三是被劫持者的所有记忆都被保存完好；四是被劫持者的记忆被抹去，被植入不曾有过的、有误导性的或错误的信息；五是被劫持者出现诸如发疯、生理紊乱等后遗症。"

西蒙与其他三名专家呆呆地听着，似乎流露出绝望的眼神。此时，周将军打来电话，很快符奎被军方的专用飞机匆匆接走。

有关符奎讲述的神秘事件与计划，到底是怎么回事？这得从司想正式接手神秘的"黑马组织"的相关工作之后说起。

北京时间5月16日上午，司想与将军道别后，在三名保镖的护送下，急急忙忙地回到自己的研究所，王主任与其他研究员早在实验室等候了。司想询问王主任等研究所是否有事情发生，他们说只是收到许多加密文件，其他就不知道了。司想赶紧走进自己的办公室，打开电脑，看到在线文件筐中有不少于

100 份的加密文件。

他像往常一样，随便点击一份文件，却发现打不开了，窗口里跳出一行字："司想先生，您需签署相应级别的保密协议，解密之后方能查阅。"司想根据提示，点击最高保密级别的那份文件，在经过一系列解密解码处理后发现原来是关于宇宙近期出现巨变情形下的保密协议。在他看了正文与附件后，已经大致明白是什么意思了。

随后，在履行完电子协议在线签名、加密等一系列手续后，根据权限级别，司想查看了来自世界各地的天文台、太空卫星观测站、巡天计划的大量相关数据和信息，并有针对性地对来自钱德拉 X 射线天文台、斯皮策太空望远镜管理站、斯隆数字巡天第Ⅳ期项目机构的最新数据等展开了详细的研究。对此，他还不时致电一些相关天文观察站的联系人询问各类问题。

他就这样忙碌着，越看越害怕，越看越冒冷汗，最后陷入无限的恐怖与焦虑中。

由于这两天众多的意外的折腾，司想已经非常累了，然而，局势紧张，他不敢休息。只有在实在受不了的时候，他才会倒在沙发上小睡一会儿，然后又起来开始忙碌。

不知过了多久，将军打来电话。这时，司想才注意到，已经是下午四点半了。

"司想,我知道你肯定正在查看相关资料,不过,我们这边的工作我建议你马上开展。或许这段时间,我们这边的工作才是最重要的!另外,有两个人是'黑马组织'的核心人物,我的秘书已经将他们带过去了,估计快到你那儿了,你和他们交接一下。注意,关于这次联合国的'黑马计划'的事,属于保密范畴,细节和核心问题等不要向组织内部的人员透露。这两位核心人物已经签署了保密协议,能不让他们知道的,尽量不要让他们知道。还有,以后,有什么事就用这个号码与我联系,这是军用加密的号码。最后,祝你一切顺利!"

司想这边放下电话,那边电话又响了,原来是西蒙教授打来的。司想心想怎么这么巧,美国时间要比北京时间晚12个小时,他那里可是凌晨四点半啊!

"老师,您好!您还没有休息吗?"

"没有休息。我们这里举行了一场非常重要的会议。会后,有一些急需处理的后续事情,我刚刚忙完。整个联合国研参院的人都在,这会儿大家才开始休息。"

"辛苦了!老师,您可以把一些事分给别人,您得多保重身体啊!"

"你怎么也说客套话了?好了,不说这些了。将军已与我联系了,说你们交接得很顺利。首先祝贺你,同时,也要感谢你支持我的工作。当然，这也是大家的工作与责任。"

"是的，是大家的工作与责任。"

"我担心你还有疑虑，就特意给你打电话。说来惭愧啊！我们这些搞科研的，搞了一辈子，最后却不得不做这样的事情。在会上向元首们汇报工作时，我终于提到'神秘力量'了，哎，惭愧啊！但是，此时此刻我又有什么办法呢？"教授停顿了一会儿，然后，提高了嗓门，"我觉得，你现在的主要精力应该放在'黑马计划'上，你说呢？"

司想第一次听到老师说出这么气馁、无奈的话，放下电话后他感到悲哀。不过，直到此时，司想才决定放下一切包袱，全面启动"黑马计划"。

不久后，一阵急促的敲门声响起，将军的秘书一行三人在王主任的带领下走进了司想的办公室。大家相互做了介绍。"黑马组织"的两位要员，一位名为符奎，一位名为黄可成。司想通过他们对组织的运行情况做了简单的了解，之后，便与他们讨论实行"黑马计划"的具体方案。

关于与神秘力量联系的地址，他们说张一涵及其父亲等这些年来在全国各地选择了十个联系地址。按惯例，他们上午已经初步做了筛选，还剩下四个备选地址，请司想确定。

这四个备选地址分别是昆仑山脉的那棱格勒峡谷、雅鲁藏布江大拐弯处的南迦巴瓦峰、欧亚大陆东边长白山脉的天池和中国南北方分界线秦岭山脉的太白山。

对于熟知地理山川、水系的司想来说，他很快便做出了把地址选在太白山的决定，同时将"黑马计划"的执行基地选定在距离太白山较近的陕西宝鸡。符奎与黄可成对此表示赞同。

随后，符奎与黄可成便开始做各种准备，司想也将研究所的近期事项委托王主任代理，并于5月16日晚上7:30，与一行人乘坐军用专机连夜赶赴宝鸡机场。

在前往宝鸡的专机上，司想进一步了解了"黑马组织"的神秘历史、原领主经历和一些有关的重要事件。

原来张一涵的父亲张海城与将军的父亲周敏，顺应世界潮流，早在20世纪50年代秘密成立了"外星文明、人类特异功能与世界奇异力量等神秘现象的研究所"（简称"神秘现象研究所"）这一民间组织。张海城和周敏先后死于工作之中，留下张一涵、周世清这对孤儿。在艰难困苦中长大的这对孤儿，或许是因为遗传，也或许是对父辈刻骨铭心的祭奠，他们也迷恋上了对神秘现象的研究。只不过，张一涵留守民间，而周世清进入了空军。

后来，由于这些研究被军方认定为对现代航空、军事科技水平的提升等具有重要的潜在价值。因此，这一民间组织一直获得军方的大力支持。

第八章

秦岭遇挫

宝鸡机场位于陕西省宝鸡市凤翔县，属于军民两用机场。司想一行人还没有落地，"黑马组织"宝鸡联络处的人早就在那儿等候了。

这次计划的基地就设在该联络处的所在地，位于凤翔县老城区的一座四合院老宅内。该老宅距离机场大约五公里，出行比较方便。另外，只需将老宅的其他房屋进行清理，便可立即投入使用，节省时间。据了解，该老宅始建于乾隆初年，已有200多年的历史，占地面积一千多平方米，虽然有些陈旧，但透过其雕梁画栋的沧桑之美，依然可辨老宅当年的雄壮与精美。

近十年来，凤翔县实施旧城改造，很多老旧街道、民房已被拆除，这座老宅孤零零地立在那里，背靠一堵历经千年的残破老城墙，估计被拆只是早晚的事。这与当年"五京之一"的风翔府这座豪宅前面繁华无比的雷霆街相比，如今显得异常落寞。

当晚，在司想、符奎、黄可成等一行人入驻基地后，他们便与当地联络处的几位成员一起做了一番谋划与安排。5月17日一大早，大家便赶往宝鸡机场，乘坐军方安排的专用直升机直接向太白山飞去。

很快，直升机便越过太白山的南天门，在药王殿远处一片密林深处的空地上降落。司想等人携带装备，穿过一片阔叶林与针叶林混杂的山地，一条山间小溪便出现在眼前。

小溪向北在一座突兀的山峰处转了90度，绕过了山峰。就在这个转弯处，有一片被山峰和小溪合抱的平地，很宽阔，像是一个小小的冲积平原，上面还零零星星地长着野草。在平地的中央，有一块天然的一米多高的石台，大概两米长、一米宽。

除非你使用登山装备，攀上这座陡峭的山峰或站在这条难以被发现的小溪溪口，否则不大可能发现这块像足球场那么大的平地。四周，树木郁郁葱葱，宛如被密林封锁的世外桃源。司想不禁赞叹张一涵先生选址竟如此精妙。

"我听张一涵老先生说过，他还在西北的时候，有一天晚上做了一个梦。他梦到金星从天上掉落，在快接近地面的时候停了下来，化成了一串耀眼的水晶项链，项链正好停在他的头顶上方。他正在寻思这不是父亲留给他的大项链吗？突然，项链开始向南快速飞去。他就跟着奔跑，一直跑啊跑……不知什么时候，他便看到了这片密林、小溪、山峰与平地。第二天一早，他便向南寻找，用了半年时间，终于找到了这个梦中的地方。"一位当地联络员说。

"对，我就是在那时认识他的。当时，我是他的向导，他向我详细描述了这个地方，说应该就在太白山附近。我认为不可能，因为我就出生在这里，太白山附近方圆数十公里的山谷我都比较熟悉，我从来都没有看见或听说过有这样的地方，于是就问他从哪儿得知这一信息。他居然毫不掩饰地说是从梦中得知的，我差点笑掉大牙。然而，他却一本正经，我当时认为他或许精神有问题，于是就开始关注他了。后来，他真的就找到了这个只属于梦境的地方，我惊讶不已，这也太神奇了吧！"另一位当地联络员接过话茬，"金星印证的就是太白山，这也是他能找到这儿的重要线索。"

"好了，大家准备吧！"黄可成打断了两人的对话，同时给司想指了指平地中央的那块石台，说："司领主，就是那儿了。"

司想看了看时间，正好是上午 10:30。这时，太阳从晨雾中挣脱而出，万道金光倾泻而下。于是，大家行动起来，从周围的树林里找来了树枝，就在石台前方生起了一堆篝火。

司想看着袅袅上升的青烟，似乎有顾虑。"没事，从外面根本看不到这个地方的青烟。"符奎对司想说着，转身向大家说,"那我们就开始吧!"于是,除了司想、符奎和黄可成,其他人都自觉地退回到溪口处。

司想站在中间,符奎和黄可成分立其左右。三人双手抱拳,与额平齐,隔着石台默默地站立在火堆的前面。司想将张一涵告诉他的说辞背诵了一遍,然后从怀中取出那一串大水晶项链,放在石台上,左手戴上水晶手链。这个手链的水晶珠子一共有九颗,项链和手链是张一涵的遗物,张一涵专门传给司想,让他终身保管,说它们比生命还珍贵。

司想按照张一涵生前的盼咐,用右手握住手链上紧挨在一起的那三颗较大的珠子,等到珠子微微发热后,依次按动这三颗珠子,重复了九遍。

其他两人都神情肃穆地站着,待司想做完所有的操作,大家一起虔诚地望着天空。但是,等了很久,天空中除了几块悠悠懒懒的白云,什么都没有。

一个小时过后,司想又重复操作了一遍,依然什么事都没有发生。

之后,每隔一个小时,仪式就重复一遍。司想一共重复了九遍之后已经是晚上8点了。深山之中,太阳早已下山,山雾升起,一弯残月挂在天边,除此之外,什么都没有。大家有些沮丧,疲惫地回到基地。

就这样，司想白天重复进行操作，晚上查收宇宙变动的各类信息和资料，连续进行了六天，毫无进展。不过，他每天都会接到西蒙和将军的电话。

5月23日，西蒙和将军没有来电话。5月24日晚上，在符奎与黄可成的建议下，25日大家休息一天。司想心急如焚，晚上一直都没有睡着，直到第二天凌晨5点才迷迷糊糊地睡着。

一位留着白色长须，70多岁的老者从一条小溪边走来，直接到了他的床前，似乎要拍打他。司想吓了一跳，突然惊醒，原来是一个梦。之后，司想就睡不着了，他起了床，坐在老宅的院子里发呆。符奎和黄可成等人一改之前的焦躁，变得平静了，他们纷纷前来安慰司想，说今天休息，不妨出去走走。司想突然想起他好久没有跑步了，于是，他穿上运动服独自围着老宅后面的千年城墙开始奔跑。

老城墙周围根本没有什么人，司想就这样高一脚低一脚地奔跑着，大脑也快速地运转了起来。

司想感觉这近十天来，自己就像陷入一场从未有过的梦境一样，如此离奇。关键是宇宙与人类的危机居然与他自己，甚至与这个神秘、虚幻的"黑马组织"联系了起来，还有这个怪异的联系神秘力量的方式，简直就是一个玩笑，让他难以理解。

"我是不是真的已经坠入了梦境还没有醒来呢？"司想想

着，不停地用手抓着、拍打着自己的脸和头，不过确实能感觉到疼痛。他又想，如果张一涵及"黑马组织"的这种联系方式根本就是糊弄人的话，以将军、西蒙教授等人的智慧是不可能相信且强烈支持他的，那这到底因为什么呢？

他还想，秦岭西起世界屋脊昆仑山脉，中经陇南、陕南，东至鄂豫皖、大别山及蚌埠附近的张八岭，横贯东西，不仅为中国南北方的分界线，而且还是孕育华夏文明的黄河、长江外加汉水的分水岭，其地理气候、山川水系让它成为了名副其实的"中华龙脉"。秦岭拥有华山、首阳山、终南山、太白山、紫柏山、柴关岭、骊山等众多名山，而太白山尤为特别，它不仅是秦岭山脉的主峰，而且也是我国大陆东部的第一高峰，是真正开启"南北分野之屏障，长江、黄河水系之分水"的"龙头"。

而宝鸡，古称"陈仓"，南屏秦岭，渭水中流，关陇西阻北横，渭北沃野千里，为周、秦两代王朝的发祥地。而"明修栈道，暗度陈仓"的宝鸡，又可谓汉朝奠基之宝地。"凤鸣岐山"这一千古瑞祥，必有其因。

由此，司想认为昆仑山脉是世界屋脊，其孕育出的秦岭山脉为"中华龙脉"，而太白山又为"龙头"，宝鸡可谓"龙穴宝地"。如果真有外星文明等神秘力量且愿意与中国人联系，那么，此处就是"乾坤相呼，天人感应"的最佳地方。

"西当太白有鸟道，可以横绝峨眉巅。地崩山摧壮士死，然后天梯石栈相钩连。"司想边跑边反复念叨着这首名诗。"天梯在哪儿，在哪儿呀？"

这时，直升机飞来，接走了司想。直升机飞了一会儿，司想发现在渭水的上游，有条清澈的小溪，有个地方的风景非常优美。于是直升机便直接降落到了那儿。司想突然想起早晨的梦境，梦中的景象似乎很像这里。

司想正在欣赏风景时，小溪对面有位老农向他挥手喊叫着。接着，老农乘坐自制的木筏蹚过了小溪。上岸后，老农盯着司想看了很久，说这是姜太公当年钓鱼的地方。他说他是姜太公的后裔，按照祖上代代相传的祖训记载，3069年前的今天姜太公在此处钓鱼，钓到了周文王这条"大鱼"。

"3069，这个数字很巧妙。你看，三乘二为六，六加三为九，三乘三为九，而3069中的四个数字相加为18，18中的两个数字相加还为九，九九归一。所以，今天第一个到这儿来的人，必定有千年甚至万年的奇遇啊。因此，我今天老早就在这儿等着，想看看来的人长什么样啊！"老人笑呵呵地看着司想，露出像看到奇怪动物一样的眼神。

司想感到莫名其妙，心想他是否遇到了疯子。这时，三名保镖也发现了老农的怪异之举，冲上前去迅速将他强行拉开。

下午，司想与保镖回到了住处，他有些困了，于是上床睡觉。那位长须白髯的老者再次出现在床前，微笑着对他说："你钓不到鱼，是因为你没有像我一样。将鱼钩弄直，还离水三尺，这怎么行呢？"司想突然惊醒，原来是做了个梦。

司想觉得非常奇怪，为什么会一天两次梦到同样的人？他想着，眼睛却盯着楼梯下的地面，发现有些异样，于是赶紧起身前去查看。

原来地面上的石板年久未修，有个裂缝。他用手轻轻按压裂缝，突然弹出一块小石板，石板下面有个一米深的小洞穴，洞穴底下有个木盒。他将木盒拿出来，发现它是由楠木制成的。不过，木盒的锁已经严重生锈，轻轻一碰，木盒便被打开了。盒里有五根竹简，连接的绳索已经断裂，他依次拿起竹简查看，有句话还能依稀辨认出来：乾隆四十年，遇劫入蜀，留下宅子……二百四十年后，如有贵人到此，定有大事发生……

司想想，清朝的人为什么还用竹简？他终于想到，这会不会是神秘的"黑马组织"的人在耍什么花招啊？于是，司想冲出房门大骂起来。

符奎、黄可成与联络处的其他人等赶紧跑过来。"你们到底在搞什么鬼把戏呀？我今天两次梦到了姜太公，还见到了自称为姜太公的后裔的老农，老农还神神秘秘地说了些胡话，这个竹简又是什么意思？"司想咆哮着，将竹简与木盒丢到了地上。

众人连忙将其捡起来。符奎与黄可成看了竹简上面的内容，也觉得莫名为妙，不过，他们称这与他们无关。他们只是说，这座老宅最早的确是一个大家族的，这个家族也确实是在乾隆四十年遇到了大劫难。这个家族集体逃难，进入了深山中，从此农耕并定居了下来，其他的事他们就不知道了。

之后，符奎与黄可成等人便开始劝起司想来，说这些都是巧合，不要过于在意，希望他千万不要紧张，或许不久之后，事情就会有转机。司想只是苦笑。

"司领主，你可要撑住，之前还有四个拟传代人，他们都出问题了，你可千万要保重！"黄可成神秘兮兮地凑到他耳边，悄悄地提醒道，"不管发生了什么，你自己可要有定力啊！"

这最后一句话，可谓击中了要害，让司想顿时醒悟了。在这炎热的夏天，他不禁打了几个寒颤。

司想的这些怪异举动引起了三名保镖的警觉，他们变得越发"热情"起来，几乎开始寸步不离地跟在司想身边，甚至要求晚上还要与司想同室共寝。他们反复地唠叨，说之前出过问题，这次不能再出问题了，他们也希望将功补过。司想气得半死，回过头对他们说："我自己不会去死的，不过，按照你们将军的话，我就是个'备胎'而已，'备胎'是不会引起注意的，用不着太敏感！"

但是，保镖们根本不听他那一套，气急败坏的司想只好给将军打电话。之后，保镖们才有所收敛，不过，他们依然随时都远远跟在司想的后面。甚至在司想上厕所时，他们其中总有一人会在司想所在隔间隔壁的格子里蹲着，还不时地伸出脑袋去瞅司想。

说来奇怪，之后的第三天，即 5 月 28 日的一大早，司想一行人启程，前往秘密之地联系神秘力量。在路上，司想便感觉到水晶手链在微微发热。等到达目的地，在刚刚完成第一遍仪式之后，手链上那三颗较大的水晶珠子便开始发光了。接着，放在石台上的大项链中的九颗水晶大珠子也跟着闪烁了起来，光越来越强，闪烁频率越来越高。司想等三人紧张而激动，其他人都远远地站在小溪入口处，异常紧张地看着他们。

这时，天空暗了下来，一艘梅花状的飞船突然出现。三束浅蓝色的光柱射了下来，分别将司想、符奎与黄可成罩住。

第九章

第五类接触

司想和黄可成进入了梅花状的飞船，偌大的椭圆形大厅呈现在他们眼前。这个大厅就像一个巨大的通体水晶球，空旷无人。但是，当他们移动时，脚下突然出现了一条长长的宽阔的大道。大道两边是各种奇花异草，弥漫着花草的芬芳，周围有山水、流泉，也有阳光，但不见太阳。还能看到美妙的音乐在空中飘动，而不是听到的。

就这样，他们继续向前走去，大约十分钟后，延伸的大道上突然出现了一道大门，门内是条长长的走廊。

他们正准备迈进这道门，突然，门口出现了一个像人一样的怪物：一头乱发如一堆杂草，惨白、扭曲的长脸上的两只大眼睛里虽布满了血丝，但炯炯有神。那人盯着他们，目光冰冷，像沉积了万年的仇恨。

突如其来的一幕，把司想与黄可成吓个半死，一股凉气从脚底直接冲上了头顶，两人都同时下意识地用手擦了擦眼睛，那怪物却不见了。

司想与黄可成待在那儿，惊魂未定。

"你们，你们是人类？"突然，又出现了一个"三只眼"的怪物，它盯着司想与黄可成的脸，吓得他们俩瑟瑟发抖。不过，司想很快恢复平静。

"是的。"司想怯怯地说着，微微鞠了躬。

"人类！""三只眼"的眼睛由蓝变红，鄙夷而平静地说："记录你们人类历史的每一页纸、每个单词或字、每一组词汇、每个标点符号都充满'邪恶'。你们所谓的古代文明奇迹，其每一块砖、每一块石头与每一寸土上都依附着无数平民与奴隶的亡魂，你们的古代文明全是通过毁灭其他物种而步步前行的。所谓'一将功成万骨枯'，可是，你们所谓的文明根本就算不上'功成'啊！人类的出现就是地球的大灾难。如果把地球比喻成个体，那么，人类就是这个个体身上的'癌细胞'，而且正在疯狂地毁灭性地扩散着！"

司想被这突如其来的不可理喻的侮辱的话语弄蒙了。不过，他很快回过神，气愤不已。不知从哪里来的勇气，他连跨十步，冲了上去，挡住了"三只眼"的去路。"三只眼"先是一惊，然后慢慢地举起了触手。

而此时，黄可成还僵在那儿，瑟瑟发抖。

"不好！"另一个人形怪物大叫一声，瞬间冲到"三只眼"与司想之间，用身体挡住了"三只眼"伸出的触手，弯了弯腰，礼貌地说："长老，请息怒！"

"我因为我的朋友才注意到你们人类。你们那数千种单调的语言，我花了几分钟就学会了！""三只眼"放下了触手，傲慢地说，"在银河系中，太阳系就是一粒尘埃，地球连这粒尘埃中的一个'病毒'都算不上。伟大的宇宙无限广袤，银河系还不如一个'病毒'呢！你们连冲出太阳系这个微小的'尘埃'的事情都无法做到，可想你们是多么低级与无知，还奢谈什么文明啊！哈哈……"

"三只眼"转身朝向这一人形怪物说："我说，你们为什么要在意、观察人类呢？人类只不过是大草原上一棵合欢树下的一群'蚂蚁'，你们这么高贵的智慧圣贤，真要与这群'蚂蚁''谈恋爱'吗？不过，我走出飞船，便会将人类这群'蚂蚁'与刚才发生的事忘得一干二净。你想，我会在乎我手指上是否有要用显微镜才能看得见的细菌吗？哈哈哈哈……""三只眼"说着突然凭空消失了。

"对不起，对不起，对不起！"传来一个柔和的男中音，"你们好,你是司想,司先生?你是黄可成,黄先生?"

黄可成满脸是汗,还在那里不停地颤抖,像一个出了问题的机器,没有任何反应。司想颤颤巍巍地环顾四周,他发现是那个人形怪物在和他们说话。他稍稍平静了些,也发现自己一身冷汗,两腿不停地颤抖。

司想这时才仔细打量了一下这位人形怪物,原来是一位中年男子,很绅士,对他们彬彬有礼。"是的,是的。"司想赶紧回复道。

"欢迎你们,我来迟了,对不起,你们就叫我元君吧!"这位人形怪物斜眼看了看黄可成,微笑着转向司想,似乎对他很亲切。

之后,这道敞开的大门向他们移动。司想觉得有些奇怪,他低头看着脚下,大门已经越过脚底,长长的走廊也朝他们移动,然而他们都没有动啊!司想正纳闷,一个房间便出现在眼前,室内的装饰等如人类城市中的一间小酒吧,只是光线明亮了许多。司想走到了窗边,推窗望去,原来是个中式的庭院。鸟语花香,阳光普照,他顿感亲切。司想向元君投去疑惑的目光。

"哦,是这样,飞船能够读取访客的背景、习惯与心情,能够适时推出恰当的场景与物件。"元君说。

"就是说，这些场景与物件都是虚幻的了？"司想问。

"不不不，是真实的！"元君平静地说。司想迷惑不已。

"是这样，"元君微微一笑，"用你们的理论来解释吧，万物不外乎是由原子或更小的粒子组成的。你们有个量子理论，其中的'不确定性理论'表征，物类在任何时刻都能呈现出数百、数千种可能的状态，而我们比你们要强的地方是，我们可以将'不确定性转化成确定性'。这样，数百、数千种可能的状态便可瞬间转化成一种或数种确定的状态了。所以，你能在小小的飞船内看到望不到边的山水、花草、庭院等，这些正是飞船对你背景、习惯与心情的适时读取与物载的结果，这些都是真实的。"司想与黄可成听得瞠目结舌。

"也就是说，这是将原子或更小的粒子瞬间转化成万物的超级科技！"司想感慨。

"你们岂止是比人类强一点点啊！这是造物主才能做到的事情！"黄可成眼睛瞪得大大的。

"不，我们哪敢和造物主相比。"元君露出敬畏的表情，"这项技术只针对小型的物体，对行星、恒星等天体来说还很难。这有点像你们如今的3D打印技术，若打印一款精巧的小物件，在短时间内很容易做到。但是，如果要打印出一座宏伟的宫殿，在短时间内就不会那么容易完成了。"

司想与黄可成感叹良久，同时也轻松了很多。他们就靠在吧台边随意地聊着。很快，元君便换了话题，说："你们就在这里等着，待会儿我们老大可能要见你们。"

"老大？"司想随口问道。

"是这样，按照你们的方式来解释吧！我们是个项目组，在执行一项大计划，老大就是该项目组的领头人。刚才你们遇到的那两个就是项目组的特聘高级顾问。这样的顾问，我们项目组有一千多人，我们都尊称他们为'长老'。"元君解释着，"我是老大的一位助理，奉命接待你们。"

"谢谢，谢谢！"司想表示感谢，黄可成也应和着说谢谢。

"当然，现在你们有什么问题，我也可以尽力解答。"

司想赶紧直截了当地抛出了问题："元君老师，据我们观察，宇宙最近似乎出现了大问题，能否告诉我们一些情况？"

元君只是笑着，没有回答。司想又问："目前的宇宙巨变是否会进一步向内扩展，冲击本超星系团、本星系群与银河系？还有，是否会危及太阳系？"

黄可成刚刚才从惊吓中平静下来，却又被司想抛出的这些问题惊呆了，半天说不出话来。原来，在此之前，司想根本没有将这次与外星文明联系的根本目的告诉符奎和黄可成。原因不仅仅是联合国高级机密的限制，而且司想一直对"是否能与神秘力量联系上这件事"没抱多大希望。当然，他也一直没想好如何与符奎、黄可成"有分寸"地交代相关事项，所以才出现了这一尴尬局面。不过这并不重要，重要的是如何从外星人这里得到帮助。

"哦，还有，如果宇宙巨变将危及太阳系，那么，我们人类该怎么办呢？"司想进一步问道，说完回过头对黄可成小声说："原因复杂，未提前告知，请多包涵！"此时，黄可成的全部注意力已经集中到这些涉及人类生死存亡的大问题、大危机上了，哪里还顾得上这些呢。他诚恳地对司想点了点头，便焦急地向元君投去了请求的目光。

元君依然笑着没出声。司想与黄可成却焦躁异常，空气仿佛变成了烈火。

"我们谈点其他事情吧，或许你们能够明白一些道理。"元君终于开口了。

司想的大脑在飞快地运转着，他在思考这句话是什么意思，并迅速做出了三点判断。一是用这种直截了当的方式去问这么大的问题，想直接获得答案这肯定是不可能的；二是元君既不回答，也不惊慌，说明要么他有难言之隐，要么他在暗示这些问题他们是可以控制的；三是要将随后与他交流的每句话、每个细节都详细地记住，以备后用。

"之前有个人叫张一涵,我曾接待过他。或许你们早已知道,我们已经能够进入四维空间的某些区域了。"元君开始主动说话了,"不过,我们对高维空间,即便是四维空间的认知也只是像一只蜜蜂飞进了亚马孙森林一样,与你们对三维空间的理解相比差不了多少。"

"望能向元君老师请教关于四维空间的相关知识。"司想微微鞠躬,谦卑地说。

"四维空间在你们如今的认知之上,至少还有四个维度。为了便于理解,我以你们三维空间的四个字来说明。"

"哪四个字?"司想与黄可成迫不及待地问。

"阴、阳、微、宏。"元君看了看司想。突然这四个字出现在空中,飘浮着翻转,是楷体立体汉字,深蓝色,每个字的体积大约三立方厘米,还泛着光。

司想与黄可成都微微前倾,仔细端详了一阵后,司想说:"这四个字各代表一个维度?"他有些疑惑。

这之后,黄可成就不再插话了,认真地听司想与元君交流。

"这只是看起来很简单而已,好吧,那我就简单地解释一下吧!"元君看都没看司想,"阴阳不能简单地被理解为虚实、正反、对立的维度,微宏也不能简单地被理解为大小。"元君顿了顿,"这四个字对于三维空间来说,它们包含的内涵与外延，如果将其看成一粒米，那么，对于四维空间来说，它们的宏大就如你们的'可见宇宙'了。当然，这在三维空间上来说，其内涵也是非常丰富的，更不用说其外延了。"

司想感到迷惑。

"阴阳两个维度，我不想说太多，只归纳两点。"元君伸出两根手指，"第一，阴阳比较虚无，但又是实在的。说它虚，是相对于微宏两个维度来说的。微、宏两个维度，从你们人类的角度来说，被定义为——哦，可能会被推崇为——科学层面的东西。所以，阴阳与《周易》等，就很容易被你们定义为哲学甚至玄学层面的东西了。然而，在人类历史的长河中，在绝大多数时间里，绝大多数事物包括你们的生活都离哲学比较远。但是，在关键的时候，在转折、巨变的时刻，哲学的巨大作用就会体现出来。这就是阴阳'实'的内涵了。第二，阴阳就是'太极生两仪，两仪生四象，四象生八卦，八卦生万物'中的'两仪'。这就与众经之首的《周易》关联上了，所以《周易》实际上就是阴阳的衍生物。当然，阴阳的正反、左右、上下等是对立、对应与统一的。比如，按照你们三维空间物理学的理解，质子是由两个上夸克和一个下夸克组成的，中子是由两个下夸克和一个上夸克组成的，它们共同组成了原子核。而夸克又分为上下、奇粲、底顶三种对立统一的种类。又比如反物质与物质的对立与湮灭，暗物质与显物质、暗能量与显能量的对应与统一，甚至你们认为神秘的天使粒子也是存在正反物质的对立依存的情况。这些就构成和演绎了无穷无尽的世间万物、宇宙星空。其浩瀚与博大，你能将其讲述得完吗？"

"是啊，浩瀚无穷！"司想虽然连连点头，但是并不觉得这有什么深奥的。

"当然，我说的第二点，也是阴阳实在性的原因之一。关键是，我们到了第四维空间之后，就将阴阳的认知上升到四大维度中的两大维度了，这才是最重要的。"元君说着蹲下了身子。一张座椅突然凭空紧贴着他弯曲的身体长了出来。他将右腿往左腿上一放，惬意地往后一靠，背后随即长出了皮质的靠背，随着两手在左右胯间自然地下落，椅子的扶手也随即长了出来。

司想与黄可成微微有些诧异。这时，元君示意他们也坐下。于是，他们也怯生生地学着坐下去，感觉像被人扶着一样，身体下也长出了一张贴身的座椅。

"喔，这算不上什么，你们的科技未来也会达到这样的程度的，这个就是所谓的智慧生活的一个小应用而已，一切都是智能的。"元君做出解释后，微微一笑，"好了，我们聊聊在四维空间中如何理解微宏这两个维度吧。"

"这个与宇宙巨变等有关吗？"司想聪明地引导着。但是，元君绕开了话题，他说："这与你们人类对'微宏'的认知有很大不同。我该怎么跟你们说呢？这样吧，就从两个角度来谈。"

"第一个角度，"元君伸出右手的食指在空中比划了一下，"一方面，四维空间对于人类来说属于高维空间，人类似乎已经发现了些什么，说高维空间由于被卷积，蜷缩在非常微小的空间中。"

"对，你说的是超弦理论吧。三维的空间和一维的时间无限延伸开来，逐渐形成了我们今天可感知的宇宙。而另外六维的空间，包括第四维空间则蜷缩在一个普朗克尺度内，空间非常小。"司想接过了话题。

"是的。"元君看了看司想，微微一笑，"这是四维空间这个'微'的维度，只是一个方面。另一个方面，或许你们还不知道，四维空间还有个'宏'的维度，这个'宏'就包含了你们的三维空间，是非常巨大的。也就是说，在三维空间中，你们看到或感知到的万物，只是四维空间中存在的——这怎么说呢？哎，找个恰当的人类的词汇真的很难啊！"元君沉默了一会儿。

"投影。就用这个词吧，实在找不到更合适的了。"元君似乎在喃喃自语，"也就是说，你们看到和感知到的万物仅仅是四维空间中的'存在'在三维空间上的某些投影而已。"

"对，是'存在'，是'某些'。就算是'某些'吧。"元君似乎感觉用人类的这些词汇确实难以准确、全面地表述这些概念，陷入了沉思。

"这个，"司想接过话题，"你的意思是，就像灯光下的苹果在桌面上的一个投影，或者是将这个苹果切开，产生的一个切割面？"

"有点像，但是，投影会因灯光的位置不同而不同，苹果的切割面也会因下刀的位置不同而不同。"

"不过，大致的形状与类比模式应该是相似的吧？"

"不，若放在宇宙这样的复杂体上，再加入各种维度，就不那么简单了。"元君似乎也困惑了起来，"不过，你就简单地这么理解吧！"

"另外，人类有个'莫比乌斯环'，还有个叫什么来着？哦，叫'克莱因瓶'的东西，利用它们能够解读这种'存在''某些'与'投影'的关系，不过只能解读出一点点而已。"元君若有所思地说。

"人类还有个膜理论，也就是宇宙可能是张超级膜，就像气球的膜一样，外层就是三维宇宙，其他高维空间就在气球内。当然，按照阴阳理论来说，这张膜还对应一个超级暗膜，有些人用它来解释万有引力的特殊性。不过，我说过，高维空间的'宏'维度依次层层涵盖了不同的低维空间，这与你们的'超膜理论'存在某些冲突。"元君想了想，"当然，我们对四维空间的理解，也像你们对三维空间的理解一样，还在探索中。但是，这个微宏概念，从目前来看，确实是我们认知的一大进步。"元君停顿了一会儿，继续说，"我们的理论在实践中似乎也得到了印证。四维空间中的'微'的维度与'宏'的维度是一个整体，不可分割。也可以简单理解为，它们是在两个极端或相反的方向上观察到的同一个事物而已。"

"它们是在两个极端或相反的方向上观察到的同一个事物而已！"司想重复着元君的这句话，像突然触电一样，嘴巴不由自主地张开，半天没有反应。

"比如目前有些人认为，空间和时间都有自己的最小值。空间的最短距离为 10E—33 厘米，即普朗克长度；时间的最小间隔为 10E—43 秒，即普朗克时间。当空间距离小于 10E—33 厘米，时间和空间就会融为一体，空间维度就会高达十维。在这种情况下，即使空间还能被分割，那也是你们目前还不能了解的事了。"元君解释道，"这仅仅是你们从'微'的维度上对三维到十维空间的一些理解而已，还根本没有涉及'宏'的层面。"

"可是，"当司想听到元君的别样解读后，好像突然从梦中苏醒了过来，接过话题问："比如四维空间，按照你们的解读，从宏观上来看，它包含了我们三维的整个宇宙。而在微观上它却蜷缩在如此小的空间中,我们用如今最精密的仪器都无法观测到它。你说这个微小的四维空间就是'宏'维度上的四维空间的微观存在,而且这个'宏'维度上的四维空间,正是那个还包含着我们现实中能够看得到的三维宇宙的高维空间。也就是说,它是包含地球、太阳、银河及数以亿计的星系结构体,跨度至少达930亿光年的真真切切的三维宇宙,是这样的吗?"

"如果按你的理解,那么,微小粒子中蜷缩的高维空间的质量就至少比930亿光年'可见宇宙'的质量还要大。显然,这在三维空间中是绝对不可能的事情,你的理解只对了一半。问题在于你用三维空间的思维取代了四维空间中的存在关系,同时,把'微''宏'两个维度割裂开了。它们仅仅是从两个极端的方向上被观察到的同一个事物而已,前面已经说过了。"元君笑着说。

"天哪,这怎么可能啊?四维空间大到包含了我们能观测到的930亿光年的'可见宇宙',然而,它又小到只有普朗克长度那么大。可是,如果把人的身高比喻成普朗克长度的话,那么质子半径就相当于银河系的半径那么大。5万光年啊!由此,你所解读的这种'宏'与'微'真的是一体的吗?真的是同一事物的在两个极端方向上的展现或人类对它们的感知吗?"司想再次强调。他像被一棍子重重地击中了脑门,脑子嗡嗡作响。

"正是如此。我说过,如果按照三维空间的规律与常识是难以理解的，需要从更高维度，如四维去理解。举个例子吧。有一张白纸可以向四个方向无限延伸，在二维空间，你只能观察到纸张正面大得无穷尽这个唯一特征。但是，在三维空间，情况就截然不同了。你不仅可以观察到这张纸的正面无穷大这一个特征，还能观察到其侧面（纸的截面）像一根线一样细微的另一个特征，而且这根几乎没有宽度的无限远的线，在三维空间中还可以不断地被折叠，最终被折叠成一个微小的点。这样细微的线、微小的点与无穷大的纸张的正面就是同一事物，它们是一体的。那么，类比到三维空间，你理解的宇宙就只能是浩瀚无穷的了。但是，到了四维空间显然就不同了。你不仅可以观察到宇宙浩瀚无穷的这个'宏'的特征，还能观察到宇宙如同纸张侧面一样的'细微的线或被卷积起来的微小的点'的另一个特征。这都是同一事物，是一体的，是不能被割裂开的。当然，这正是我们项目组这一大计划的理论根据。"

"什么大计划？"司想一听到大计划，便绕过'宏''微'两个维度的问题，机智地提问，希望能套出些什么。

元君好像没有听见。

"你们要喝点什么吗？"元君一脸轻松，同时左手向外伸出。一个精致的茶几突然出现了，上面有个装有水的透明器皿。元君伸出的手正好抓起了那个器皿并放到了嘴边，就像这个器皿一直就在那儿一样。

"来一杯柠檬水,谢谢!"

"我也来一杯柠檬水,谢谢!"

正在这个时候,从司想与黄可成的背后走出来了一个女侍者,她微笑着,很礼貌地向司想、黄可成微微鞠了下躬,说:"对不起,三位先生,会谈该结束了,后面还有其他安排呢。"

司想回过头去,发现这位女侍者的头发呈金黄色,她的面容楚楚动人。她的衣裤是连在一起的,薄如蝉翼但又不透明,紧贴在身却又有造型,不过,竟然都看不到一丝一毫的褶皱。

"还能再解释一下吗?"司想礼貌性地朝着这位女侍者点点头,然后迅速转过身痴痴地望着元君,露出不死心与祈求的眼神。

"哈哈哈,以后你们会明白的!"元君笑着回应着,站了起来,用手在司想与黄可成的肩膀上用力地拍了拍,似乎是在安慰他们。

司想与黄可成失落不已。

之后,女侍者消失了,一会儿她又出来传话,说老大有紧急事务要处理,这次就不再约见司想等人了,以后如果有机会再见。说完,司想与黄可成突然感觉风声在耳边响起,等他们反应过来时,已经降落到宝鸡基地的老宅院子里了。

这时,大家纷纷围了上来,震惊而激动地问着,说司想和黄可成已经消失四天了。司想感慨良久,真是应了那句话,"天上一日,人间一年。"

第十章

更大的恐怖

北美时间5月31日，工作到凌晨两点的西蒙教授刚刚躺下。一阵急促的敲门声响起，西蒙教授知道出大事了，急忙从床上爬了起来。

　　他一边开门，一边紧张地问："什么事？"

　　"不好了，本超星系团边缘出现天体震荡的情况了！"

　　"不会吧！"西蒙教授回应着，便冲出门去，直奔巡天数据与分析中心。经过反复核查与比对，他确认了这一状况。

　　"完了，彻底完了！"西蒙教授低声自语，目光呆滞，脸色发白，几乎要瘫倒了。他背靠着扶手慢慢地滑落到靠墙的沙发上。几位值夜班的专家，看到西蒙教授突然出现这种可怕的表情，他们几乎快崩溃了，竟然都低头哽咽了起来。

　　这次宇宙巨变从可见宇宙遥远的边缘席卷而来，突然止步于本超星系团的外围，已经快满 15 天了。西蒙教授本以为宇宙震荡或将就此结束的"奇迹"会发生。这些天他几乎无时无刻不在反复地祷告，然而，这盏在长夜中随风摇曳的"希望的油灯"还是熄灭了。

"不不不，这个时候不能这样，不能让其他人崩溃啊！"突然，西蒙教授清醒了过来，心中默默地念叨着站了起来，训斥道："你们在干什么？没什么大不了的，不说太阳系，就是距离银河系都是非常遥远的事呢！这早在我的预料中，你们继续观测，我回去休息了，明天再说！"

大家虽然知道西蒙教授只是故作镇定，但是，至少他们在心理上有了点安慰。于是，他们又回到了自己的工作岗位。

西蒙教授走回卧室，手忙脚乱地打开电脑，眼睛死死地盯着银屏上那些宇宙实时变动着的简易数据，同时思考着要不要告知秘书长及 20 国元首们。他转念一想，即便是他们知道了又有什么办法呢？先观察一阵再说吧。

"哦，这一阵慌乱，差点忘了！"他自言自语，赶紧拨通将军的电话。

"呵呵呵，我就知道是西蒙教授，您今天已经是第五次来电了。司想还没有消息，有消息我第一时间告诉您哈！"对方还没等西蒙教授开口，就提前替他说了。

"好好好，辛苦将军了！"

西蒙教授就这样盯着电脑屏幕，承受着巨大的压力。大概一个小时后，他又回到巡天数据与分析中心，给那几位专家打气之后又回到住处，强行让自己躺下。他很困，但是就是睡不着。然后他又起来，盯着电脑屏幕，似睡非睡地一直到早晨六点。他拨通了联合国秘书长的电话，秘书长在电话那头半天竟说不出话来，最后，秘书长勉强地挤出话来："我，我马上赶过去！"

半个小时后，秘书长赶到西蒙教授的办公室。在了解详情后，他急得不知如何是好。最后，他们决定现在就将情况通报给20国元首，同时着手准备全球指挥部第四次特别会议。

元首们收到信息后，居然有11位元首即刻动身，从世界各地相继在当天下午一点前赶到了联合国总部。之后，他们在巡天数据与分析中心反复查看数据，反复质疑、询问。最后，他们都面色煞白地回宾馆去了。

经联合国秘书长征询意见，大家一致决定于第二天，即6月1日召开全球指挥部第四次特别会议。剩余的九位元首连夜往联合国总部赶。

半夜早到的七位元首与白天已到的11位元首，都无一例外地跑到巡天数据与分析中心问这问那。由于态度反常，最后，所有的工作人员都不再搭理他们。他们只得去会议室，先是吵吵闹闹，接下来是一片死寂。最后，在西蒙教授与秘书长的劝说下，各位元首才回到宾馆休息。另外两位元首第二天早上八点才赶到，他们各喝了一杯咖啡，啃着面包，便急匆匆地走进了会议室。

"西蒙教授，你不是说可能有奇迹发生吗？"秘书长正准备宣布会议开始，有人便开始发难了。

"生命在这个世界上诞生，那是亿万万分之一的几率，然而它就奇迹般地诞生了！你不是以此来类比的吗？这可是你的原话啊！"有人补充道。

"哎，我只是说可能，可能而已，然而……哎！"西蒙教授支支吾吾，脸色白一阵红一阵，但他心里却在想：我以为只有我一个人祈求着这一缥缈的"侥幸"，哪知道大家都和我一样啊！

看来，这群平日里目空一切，自信不已，可以战天斗地的全球领神中的精英们，对于这一天象，他们已经无奈到这份上了，这是人类多么巨大的悲哀啊！

"好了，好了！安静，安静！"秘书长敲着桌子，"西蒙教授又不是神仙，现在开始说正事。"

"这次震荡继续延续非光速限制的怪异'跃迁'趋势，跨度达一亿多光年，一天两夜就传递过来了。现在，包括本星系群边缘及整个本超星系团都在剧烈地活动了……"西蒙教授异常紧张，只就这次巨变做了一个简单的汇报。

之后，有位元首坐不住了，"大家都在这里紧张得不得了，那就请各位专家举几个实在的例子，让我们听听具体的情况吧！反正都要完蛋，不如先给我们来点刺激的。"说着，这位元首僵硬的脸上挤出呆滞的笑容，像刻意为了缓和气氛而做得很失败一样。

会议室安静了下来。秘书长看了看西蒙教授，说："教授，那就讲讲吧！大家好心里有数啊！"西蒙教授回过头去，对几位专家点点头。

来自智利的天体物理学家走向了发言席，用光点坐标指着星空图说："大家来看看天炉座星系团，这个被称为'宇宙熔炉'的'暴虐'星系团，也是距离银河系最近的星系团之一。这是帕拉纳尔天文台最新传回来的资料，这些资料都是研究员在阿塔卡马沙漠中通过太空望远镜阵列汇总的，分辨率很高。"

"看看这个星系团中的螺旋星系 NGC 1316，"天体物理学家移动着坐标，"与十几天前的影像对照，它发生了位移。看看前面，有几个亮点消失了，而后面喷射的'微弱的痕迹'变得比之前更明显了。这是距离地球大约 6000 万光年的地方啊。这几个消失的亮点，每个亮点代表着像太阳系甚至比太阳系大得多的恒星星系啊！也就是说，这个星系团随时都在'撕碎'

附近的恒星星系，吸走它们的物质，将大量恒星喷射到宇宙中的暴烈星系，如今这些活动突然加速了！"

说着，他忧心忡忡地强调："不仅如此，这个星系团中的几乎所有的亮点即恒星都在发生位移，这是极其恐怖的！"

"有人曾说，该星系团将其附近的巨型星系'暴虐'地撕裂，将千万颗恒星吞噬，再把星系的残骸物质喷射出来，在宇宙中留下耀眼的超新星。"一位物理学家插话。

"是的，"智利的天体物理学家接过话，"然而，此时此刻，这种'暴虐'的迹象更加明显了！实际上，我昨天与研究天炉座星系团项目的南方天文台负责人多次通话，他们都在担心，如果在本星系群中催生出 NGC 1316 这样的星系，又正好与银河系很近或侵入银河系，对太阳系来说那将是致命的。当然，前几年相关的研究显示，天炉座星系团中发生的星系合并导致无数星系物质汇聚在一起，在螺旋星系中央形成了一个巨型黑洞。这个黑洞非常大，其质量大约是太阳质量的 1.5 亿倍，在不断吞噬气体和尘埃后，又会向空间喷射物质和电磁波。最终导致螺旋星系 NGC 1316 成为天炉座星系团中最明亮的无线电波源。"

接下来，另一位亚洲的天体物理学家走向了发言席，指着星空图说："大家看，这个像宇宙沙滩上无数沙粒的图片，就是距离我们 1500 万光年的著名的 NGC 1313 星系。这次我们发现其内部众多的恒星沙粒都发生了位移。其移动的绝对距离一般都至少达到几个甚至十几、数十光年,花费的时间很短,可推测其位移速度远超光速,这再一次证明这种移动只能是'空间跃迁'或'空间跳跃'。"

"NGC 1313 星系,大家都知道它'不对称的旋涡臂和并不在核心棒中心的自转轴'本身就够奇特的了。"说着,视频上跳出一张照片,"大家再来看看昨天由哈勃太空望远镜传回来的这张照片,与之前旁边的这张图片对照,是不是发现它的自转轴有些偏移了,旋涡臂更是向一侧歪斜,有撕扯的迹象。"

"还有,这个被归类为'星爆星系'的怪物为什么会变得像一团乱麻呢?"该天体物理学家扫视会场一圈,"通常情况下,星系会出现这类混乱的情况往往是与邻近星系合并的结果,然而 NGC 1313 这个旋涡星系却不同,其恒星形成区'野蛮成长',伴随着'年轻'、蓝色的大质量恒星发出的强光,内部活动异常激烈。这种自转轴偏移、旋涡臂的撕扯反过来将会加速推进其他恒星的'跳跃',这足以引发整个星系的巨大震荡。"

"你到底想说什么?"一位元首插话了。

"我想说的是,对照 NGC 1313 的这种特殊星系,再看看我们的银河系,是不是在银河系未来很快也会出现中央转轴偏移、旋涡臂撕扯的迹象呢?如果发生这类情况,整个银河系崩溃重组或将不可避免,那时,包括太阳在内的数以亿计的恒星或将发生巨震甚至被毁灭!这个特殊的 NGC 1313 星系,或许为我们提供了一个夸张的版本。"

"什么？银河系崩溃重组！"

"太阳系发生巨震甚至被毁灭！"

元首们惊恐万分，纷纷发问。

"这仅仅是个假设，而且是在如此失常的宇宙'空间跃迁'性巨震情况下的一个假设而已……"一位科学家像自我安慰似地说。

然后，一位美国专家发言说："美国激光干涉引力波天文台和欧洲室女座引力波天文台昨天传回来的大量数据显示，在本超星系团内，距离地球5000光年处，有两颗中子星合并。中子星与黑洞一样聚集着大量的能量，相当于宇宙中的火药库。"

"这个火药库会有多大危险？"一位元首问。

"我们经过紧急数据分析认为，这两颗中子星的合并与本超星系团的震荡是分不开的。"美国专家继续说，"估计它们在一分钟内释放的能量，相当于数百个太阳200亿年释放的能量总和。其合并不仅会制造出一个新黑洞，而且指向地球的喷射流似乎向前跳跃了两光年。如果在银河系或太阳系附近出现这类情况，再叠加各类震荡，那将是致命的。"

又有一位欧洲的科学家发言说："近十多天来，研究员利用钱德拉X射线空间天文台和XMM牛顿太空望远镜，在本超星系团中对 112 个类星体收集的最新数据显示，在本星系群内靠近银河系所在的区域存在暗能量增大的迹象。同时，美国费米国家实验室暗能量巡天项目的研究员昨天传来的数据也证实了这一迹象。"

"这意味着什么？"一位元首焦躁地问。

该科学家解释说："有一种观点认为，对于可见宇宙来说，假如暗能量一直增大，那么不但宇宙的膨胀速度会越来越快，宇宙中的一切东西也都会被撕裂，包括每一个粒子，甚至时空本身。"他停了一会儿，说："如果此理论成立，我们认为暗能量在银河系及其附近的沉积也许将使这次震荡的幅度提高！不过时至此刻，我们在该区域还未发现明显的震荡迹象。"

这时，西蒙教授突然站了起来，急匆匆地向大门奔去。

"怎么了？西蒙教授！"有人大声喊。汇报突然被打断，大家一齐望向西蒙教授的背影。

"不好意思，你们继续，我有急事！"西蒙教授全然不顾大家的情绪，跑出了会议室。

"可恶，有什么事能比现在的事还急啊！"有人对西蒙教授的怪异举动深表不满。

原来，西蒙教授早上便收到将军传来的信息，说司想已经回来了，将军正动用国内速度最快的军用飞机将司想送往联合国总部。西蒙教授在开会时一直戴着无线耳麦,随时接收司想抵达的信号。

西蒙教授跑出会议室,直接向他的办公室奔去。正好在办公室门口见到了司想和黄可成。他迫不及待地向司想问了一连串问题:"神秘力量知道宇宙巨变的事吗?太阳系有危险吗?人类有救吗……"

风尘仆仆的司想见到了老师,觉得他好像老了十岁一样,满脸疲惫而兴奋。他不由得一阵心酸,赶紧上前将老师扶住。"老师,您不要着急啊!先进办公室,我们给您详细汇报吧!"

三人一起走进办公室,司想一个一个地回答老师的问题。听着听着,西蒙教授的脸沉了下来,心彻底凉了,目光变得呆滞。

司想赶紧安慰他说:"虽然他们始终绕开'宇宙巨变'话题,对相关的一切都守口如瓶,但是他们正在'执行一项大计划'!说不定是在策划拯救宇宙甚至拯救人类的活动呢?还有,这次与他们接触,我们带回来了很多重要的信息。只要专家组认真分析,说不定还会发现很多秘密呢!"

司想与黄可成是从"黑马组织"的宝鸡基地直接被军用飞机接走前往联合国总部的。西蒙教授怕时间一长司想会忘记部分细节,所以马上叫来五位未参加会议的专家,将他们分成两组,在两个不同的房间对司想与黄可成分别进行信息采集。

然后，西蒙教授给正在开会的秘书长打电话，简单地介绍了一下情况。秘书长也心领神会，并在会场上将十八天前"开启与神秘力量联系的大计划"的整个情况向各位元首通报了，并说："由于执行计划时，全球指挥部还未正式成立，且担心大家顾虑太多，所以一直没有正式告诉大家，请大家谅解！"

这些平时一本正经、大多排斥神秘力量，甚至公开将其批评为"迷信与邪门歪道"的元首们，此时此刻居然没有一个人觉得有什么不对劲。

"那赶紧把司想请进来，当面询问，进行研讨啊！"有元首大声提议。

"对对对，赶紧啊！"其他元首附和道。

"不不，这可不行，司想与神秘力量接触一结束，便被送到了联合国。我们需要紧急收集信息，哪怕一丝一毫的信息也不能落下。这需要一个安静的环境并由专人引导，必要时还要实施催眠术，是讲究技巧与技术的！"一位专家插话。

大家只能又让专家们继续做报告。

专家们开始魂不守舍地阐述、分析着，在座的元首们也魂不守舍地听着。听着听着，大家都不作声了，默默地坐着不动。

秘书长知道，会议室里所有人的"魂儿"早就飞到西蒙教授与司想那边去了，都在盼望着那边的"结果"。这和他此刻的心情是一模一样的。

时间像停止了一样，一分一秒像蜗牛爬行般缓慢。什么叫作度日如年，此时就是。

终于，三个小时过去了，西蒙教授、司想、黄可成与其他五位专家一起走进了会议室。所有人都站了起来，像欢迎英雄归来一样热烈地鼓掌，甚至上前与司想、黄可成握手、拥抱。

"安静，安静，大家回到自己的座位吧！"这个热烈的场面只持续了四分钟，便被秘书长敲打桌子的声音"送回"到冰冷的现实之中。大家开始听司想的汇报。

司想用了十分钟左右的时间做了个简要的汇报。

西蒙教授看着大家的眼神从满怀期待渐渐地转变成无奈、无助与焦躁不安。还没等司想说完最后一句话，西蒙教授便发言说："各位元首，各位专家，虽然司想没有带来令你们期待的结果，但是我总觉得，这里面有着巨大的信息量等着我们去挖掘。说不定还能找到打开神秘大门的钥匙呢！"

这句话点醒了在座的所有人。于是，大家又重新燃起希望。

元首们俨然变成了专家，与在场的其他人开始分别听取司想与黄可成的详细汇报……相当于把西蒙教授等六人做的采集工作重新做了一遍。接下来，他们又对照之前采集的信息进行一一核对。最后，每个人都发表了意见，经过讨论后进行了汇总。足足弄了 10 多个小时，直到 6 月 2 日的凌晨 3 点。

综合各种因素，大家对宇宙巨变的总体判断出现了分歧。一种观点认为这次巨变力度如此巨大，应该是天然形成的，其传播速度以"空间跃迁"或"空间跳跃"这种量子理论或超弦理论的方式进行，远远超越了人类科技与认知的极限。外星人正好借此机会，实施了一场人类根本没法判断其目的、效果是什么的大计划。

另一种观点认为宇宙巨变就是外星人的大计划，因为他们的科技已经达到"瞬间造物"的程度，而且他们还与司想谈论四维空间中的"宏""微"两个维度。人类根本不知道四维空间是什么。从反馈的信息看，四维空间与相关的科技应该超出了人类的想象。对付三维空间宇宙或许对他们来说，是一件容易的事情。

两种观点各有各的道理，不过支持第一种观点的人要多些。支持者认为虽然外星人有"瞬间造物"的本领，但是那也是行星体量水平以下的水准。另外，外星人的个体大小也与人类差不多，如果能让三维空间宇宙大幅度震荡，那么，他们也没必要赖在三维空间宇宙中。显然，这些理由并不充分，大家始终没有达成统一的意见。

不过大家都认为，宇宙巨变已经发生了，总体的判断不太重要了，最重要的是针对人类存亡进行具体判断。因此，大家一致认为如果没有神秘力量的干涉，在可见宇宙的巨变中，银河系、太阳系甚至地球肯定会被毁灭，而且会很快发生。如果有神秘力量介入，会存在三种可能。

第一，外星人会帮助人类，不至于让人类、太阳系、银河系被毁灭。毕竟外星人似乎具备这种力量，从元君等对司想、黄可成的友好的态度便可以获得启示。

第二，外星人很可能要消灭人类，从"三只眼"与有"血红眼睛"的长老对人类的仇恨便可知晓。

第三，外星人在实施大计划时，是不会注意、在意或考虑人类的安危的，正所谓"天地不仁，以万物为刍狗"。所以，人类很可能被灭绝。

尽管存在多种可能，不过最后大家达成了重要共识。

这三种可能，到底哪种可能的概率高，判断的唯一标准就是银河系及其卫星系是否会出现与之前宇宙变动的明显不同的特征，即银河系能否发生特别的巨变。

由此，人类能否存活的"侥幸"，又转移到对"银河系能否发生特别的巨变"的"大赌注"上来了。这种依托神秘力量来拯救，概率几乎接近于零的"侥幸"与"大赌注"，对于此时此刻的这群顶级精英与毫不知情的70多亿可怜的人来说是最后的一根救命稻草。

会议结束时，由于本超星系团内的巨震正朝着本星系群快速推进。因此会议最后决定，所有参会的人员暂时在联合国待一天，如果出现特殊情况，便于及时做决定。

西蒙教授强烈要求所有的元首不要再到巡天数据与分析中心去了，说中心的工作人员由于工作严重超负荷，其心理承受的压力已到极限，几近崩溃，其他人就不要再来添堵了。同时，西蒙教授还表示，希望各位元首待在酒店里即可，如果有特殊情况，他会及时向各位通报。

第十一章

绝望到崩溃

就在全球指挥部第四次会议结束的第二天,即北美时间 6 月 3 日上午十点,本星系团的巨震已经蔓延到银河系卫星星系的外围。整个巡天数据与分析中心的工作人员都陷入到极度的恐慌中。

西蒙教授与秘书长正商量是否应该向正在酒店等候消息的 20 国元首进行通报时,有三位专家连门都没有敲,直接冲进西蒙教授的办公室,脸色发白,还有一位专家跌倒在地。

没等他们说话,西蒙教授与秘书长便飞快地冲出门,直奔巡天数据与分析中心。

三个小时后,全球指挥部紧急召开了第五次特别会议。西蒙教授代表最高学术专家组发言,他尽力掩饰自己的恐惧与焦虑,开始陈述。

"最新数据显示,在银河系外分布着 50 多个卫星星系。如木星的众多卫星与地球的卫星月球一样,其中较大的星系有大麦哲伦星云和小麦哲伦星云。如今我们已经观察到这两个星云及少许周边卫星星系中的恒星发生了巨变。而且,这种巨变与之前本星系群中的其他星系不同,也与之前观察到的整个可见宇宙所有恒星、星系、星系群的变化不同。"

大家都屏住呼吸,紧张与恐怖氛围笼罩着会场,西蒙教授好像在独白。

"这是我们在刚刚过去的三个小时里,通过来自全球 100 多个世界顶级天文工作中心、空间卫星观察站等对收集到的大量数据进行反复检测、分类研究与验证,再与之前收集到的所有有关这次宇宙巨变的信息资料对比,每位专家先独自判断、发表意见,然后汇总,最后再经过大家反复研究与讨论慎重得出的结论。"西蒙教授停顿了一下,然后颤颤巍巍地继续说。

"目前我们观测到发生变化的恒星都分离出相当于它们自身质量 1/10 到 1/5 不等的能量,这些能量以能量球的方式正在朝银河系的猎户悬臂'射击',很有可能瞄准的就是太阳系。"

这一结论像一颗巨型炸弹在一个封闭的钢铁房间中被引爆,发出沉闷的巨响,引发的震波瞬间循环数千次,毁掉钢铁房间和周围的一切之后,一片死寂。

"这不可能。"很久之后,终于有人开始说话了。

"不行,我们要看看数据!"有人说。

"你又不懂,看又有什么用?"又有人说。

"不懂也要看!"

西蒙教授将所有归纳的数据、图文,汇报影像资料让人在会议室前的显示屏上播放,并将准备好的书面报告发给20位元首与两位秘书长。

这些人居然像小学生一样认真学习了起来,有人研究报告,有人仔细看着汇报影像,不停地、反反复复地提问与质疑。六个小时过去了,平均每位元首提出了30多个问题。专家们的一一解答与各种辩论,都指向了唯一的结果。

最后,元首们渐渐停止了讨论,安静了下来,个个沮丧、绝望地望着这些专家。专家也沮丧、绝望地望着元首们。

"再等等,我们前几天又紧急调集、增加了数百个天文观测站,结合之前的地面、太空观察站和一些特别巡天计划,组织了各类波长互补的巨大的观测阵列,除了大、小麦哲伦星云,已经展开了对银河系外围的其他卫星系'轰炸式'的观测与分析,最后汇总分析的数据应该快出来了!"西蒙教授打破了会场的沉寂。

很快,数据开始不停地传向会议室左边的三台高功率的大型计算机。这些数据已经被巡天数据与分析中心分类、汇总，形成了大致的报告。11 位顶级科学家赶紧上前，在三台计算机前，一边忙碌，一边讨论，还有人不停地打电话核对资料。其他人都在周围，屏住呼吸。

两个多小时过后，结果被打印了出来。一位科学家颤颤巍巍地将这一结果递给西蒙教授，看都不敢看周围的元首们。这些元首也不再像之前一样大喊大叫了。大家的眼睛都死死盯着西蒙教授，从西蒙教授失落的举止里，大家似乎都读出结果了。他们纷纷回到了自己的座位上，像木偶一样，目光呆滞地继续望着西蒙教授，好像西蒙教授成了唯一的救星。

西蒙教授非常清楚，即便大家都知道了结果，他也得宣布这一结果。他调整了一下自己的心情，用有些颤抖的声音陈述。

"在银河系外围的 50 几个卫星星系中，截至此时，我们收集到了 4000 多颗恒星的汇总数据，都一致地显示它们喷发的能量都以能量球的方式，同时射向银河系的猎户悬臂，而且毫无例外地聚焦到了太阳系……"

西蒙教授说着说着，难以控制情绪，居然伏在发言台上啜泣了起来。在绝望的极点、崩溃的边缘，这些一贯冷静、顽强到极点的老家伙们此时也被彻底击垮了。

有人敲打着桌子，有人捶胸顿足，有人失声啜泣。他们像

绝望到崩溃

一群在封闭热锅上的蚂蚁,眼睁睁地看着热锅正在变红,却又无处可逃。

这样大约过去了 20 分钟,元首们逐渐不再悲伤,甚至有人大喊"要冷静,要冷静!"会场再一次沉寂下来,只能听到三台大功率计算机的电流发出的蜂鸣声。

"哈哈哈,够了,我们这是在干什么呢?"一阵狂笑声响起。大家都望向发声的方向,原来是史冈·凯奇。

"对,现在还不是'下葬'的时候,也不是悲伤的时候,我们得做些正事!"一些人反应了过来。

这时,有专家已经将刚才传来的长达 150 页的报告资料打印了出来,给每人发了一份。这些元首又开始忙碌起来了。

"西蒙教授,请问银河系卫星星系出现的这种变动,可能蔓延到银河系内吗?"两个多小时过后,大家才渐渐从卫星系的"纠缠"中走了出来,终于有人开始关注最核心的问题了。

西蒙教授好像没有听到似的,沉默了两三分钟,之后才用低沉的声音小心地回答:"完全有这种可能,除非……"他欲言又止。

"除非什么?除非什么?"大家几乎同时发出声来,惊恐地望着西蒙教授。

"除非,除非,除非有神秘力量介入!"西蒙教授结结巴巴,异常紧张地说。

"不，不对呀？如今银河系卫星星系出现的这种怪异现象，就已经表明有神秘力量介入了啊！"

"对对对对，这肯定代表有神秘力量介入啊！不然，在银河系的卫星系中，几乎所有的恒星怎么可能同时喷发能量球？在如此大的跨度中，能量球又怎么可能都一致对准了太阳系呢？"

元首们七嘴八舌地质疑与追问着。

"大家也不要太过紧张，在银河系外，要瞄准太阳系，这就相当于拿导弹瞄准十几万公里外的蚊子一样啊！"一位天体物理学家似乎在安慰这些元首。

"不，这个比喻不对啊！"一位元首反驳道："这些能量球，就个体而言，比太阳小很多，这哪能用'导弹与十几万公里外的蚊子'相比较？这一结论，不都是你们通过这4000多颗恒星及其能量球位移的轨迹来确认其方向的吗？我刚才也研究了一下，这些测量天体运行的手段都非常先进。其中有一种方法正是欧洲科学家们的最新研究成果。这一成果今年已荣获欧洲天文学会奖，去年还差点获得诺贝尔物理学大奖。2019年3月，我受邀去颁奖，还听了一下午有关报告，并详细咨询了一些具体的测量问题。据我所知，其精准度是非常高的，尽管距离很遥远……"

"这，这可是至少十几万到数十万光年的距离啊！还有，能量球在移动的过程中也有可能出现偏离。"有专家不自信地小声说。

"不不不，这4000多个能量球的移动方向不仅是运用当今最先进的测量方式与技术测定的，关键是这些能量球在天球的整个外层上，即三维立体的球形外层，大致均匀地分布在所有球面区域上，且都指向太阳系。"有元首反驳道。

"还有，这些能量球，我们观测到的虽然只有4000个，但是，没有被观测到的呢？恐怕更多吧！它们从四面八方一起向银河系射击，即便只有数十颗能量球以'空间跃迁'的方式射到了太阳系，那也足以让整个太阳系瞬间毁灭！未来如果银河系内的4000多亿颗恒星也朝这个方向喷射能量球，那么，点燃半个猎户悬臂也是件很容易的事啊！"有元首说道。

"这些指向太阳系的能量球，要同时偏离目标，其外力来自哪里？如何解释？"又有元首问道。

"最关键的是，之前在本星系群外的宇宙巨变都没有按照物理学的规律进行，几乎在十几天内跨越了100多亿光年的距离。如果按照你们之前解释的'共动距离'测算法，那可是300多亿光年的距离啊！几十万光年与300多亿光年相比几乎可以忽略不计啊！"有元首强调说。

"我和几位元首也反复研究了你们的数据与推导过程,这些能量球的确都正在射向太阳系。不过,据我当年攻读数理统计学与天体物理学双博士时学到的知识,我认为这绝对是不可能的事情啊!"另一位元首进一步补充着,"除非,除非,只能是……"

"只能是什么,是什么?"五位元首紧张地同时吼了起来。

那位元首毫无反应,像泄了气的皮球一样靠着座椅,脸色发白,好像在小声嘟囔着什么。

这五位元首中的三位居然从座位上冲了出去,快步奔向那位脸色发白的元首,使劲地摇着座椅大声吼着:"是什么,是什么,是什么?"

"哈哈哈哈,这还不够清楚吗?"一阵狂笑声又响起来。这三位元首停止了摇动,望向狂笑声的方向,原来又是史罔·凯奇。

"白痴,白痴……是神秘力量要毁灭太阳系!"一位元首似乎有点看不惯这三位元首的行为,小声骂道。

这三位元首都听到了。他们都转过头去,一起狠狠地瞪着这位小声骂人的元首。其中一位说:"你真以为我们是白痴啊!这,这怎么可能,这怎么可能呢?"说着,三位元首也像泄了气的皮球,绝望而无奈地回到了自己的座位上。

接下来是沉默,长时间的沉默……

渐渐地，这些元首们冷静了下来。他们开始又把司想关于"第五类接触"的事情给翻了出来。不过，似乎也只能这样了。

他们请司想讲述事情发生的经过，又叫来一直待在酒店待命的黄可成，也请他讲述事情发生的经过。先是单独听这两人讲述，然后，又让两人像对质一样当面核对每一个细节。所有人，即便是那些已经听了十几遍的部分专家，都全神贯注地听着、判断着。然后，他们又调出之前西蒙教授领导的专案小组对这次外星人接触事件的调研录音、文字记录与研判资料等档案，甚至还把符奎也叫了过来，详细询问并查看相关资料。

这时，会议室的大门突然开了，一位工作人员急匆匆地走进来，原来是史冈·凯奇元首的一位随身秘书，说是有非常重要而紧急的事情需要请元首接电话。史冈·凯奇拿过电话，只说了几句话便挂掉了。一会儿，会议室的大门又开了，又有工作人员拿着电话来找史冈·凯奇。史冈·凯奇大怒，将电话摔到了地上，骂道："什么重要、紧急的事情啊？我告诉你们，马上关掉我的电话，直到我允许你们打开。还有，你们不准再进入这道门，知道吗？否则会严重影响我们的大事！"

其他元首与科学家看到这种情况似乎想起了什么，也纷纷传话出去，关闭所有的电话，不允许任何工作人员擅自进入会场。

司想与黄可成分别做最后的陈述。这一陈述聚焦在"该外星文明是否拟对人类发起攻击"这一核心问题上。

黄可成进入休息室，戴上了隔音耳机。司想开始陈述。

"外星人说他们正在执行一项大计划，我经反复思考认为，此计划应该与这次宇宙巨变有关。他们至少具备了将原子、粒子瞬间聚合成万物的能力，但这种能力还仅局限于小于中等行星的质量或大小的物体上。他们似乎也具备通过四维空间的'四大维度'，即他们所强调的'阴、阳，微、宏'维度去操纵天体的一些能力，特别是通过微宏两个极端对立的维度实现对天体的操控。这就像我们通过遥控装置，便可以控制在天空中飞行的导弹一样。但是，我的直觉和判断认为他们对人类还是比较友好的，没有必要攻击人类……不过，他们的个体似乎具备无限的潜能，比如'三只眼'，人类的数千种语言他宣称用几分钟就能学会，而且，他们中的一些成员极度藐视甚至厌恶人类。"

"那为何银河系卫星系中的所有恒星喷发的能量球都对准了太阳系？"有人问道。

"这个，这个，我也无法解释！"司想说道。

之后，司想进入休息室，戴上隔音耳机。黄可成开始陈述。

"外星人具备造物的能力，而且能瞬间完成，但是行星等天体不能很快被造出来。他们中的一些'长老'非常邪恶与凶狠，比如那个眼睛布满血丝的家伙，在我看来，他对人类是极端憎恨的。还有那个'三只眼'说话的口气，恨不得要将人类像病毒一样去除掉。那个自称为元君的比较友好，和司领主谈了很多专业的问题。元君说他们在执行一项大计划，是不是要攻击人类呢？我曾经跟随之前的老领主拜访过一次该外星文明，那时，他们似乎还比较友好，不像这次让我非常紧张。当然，最终要以司领主的见解为准，我的看法只能作为参考。"

之后，所有的元首和专家进过反复讨论与研究，除少数几个人有异议，其他人几乎一致认同以下内容。

外星人在执行一项大计划，该计划与宇宙如今的巨变直接相关。具体执行计划的项目组，出于某种不明原因，决定将人类文明毁灭。不过，在毁灭人类文明之前，他们极有可能会满足一下自己如"上帝"一样的虚荣心，比如，让银河系内的所有恒星都朝太阳系喷射能量球，就像如今银河系卫星星系中的恒星一样。

那时，在太阳系内，巨大的星星像烟花一样爆炸，人们会在惊恐万状中扑倒在地，在忏悔中接受死亡的"审判"。最后，太阳系会很快被烤焦、气化，彻底消失！

"啊，邪恶的外星人！毕竟在这广袤的宇宙里，他们也太寂寞了。他们的如同造物主一般的超级发达的科技，没有地方炫耀啊！现在，他们好不容易发现了拥有一些科技的人类，不容易啊！他们终于可以炫耀一下了啊！这些邪恶的外星人，我们要跟他们拼了！"有元首激动地骂道。

"但是，太寂寞了，他们还有必要消灭我们吗？"司想插话。不过，这时根本没人理会他。

"对，我们一定要和他们拼了！"有些元首也愤怒地应和道。

"敌人"找到了，接下来的事情就是人类将如何应对。不过，最核心的问题是人类有没有足够的时间来准备？据此，参会的这些精英展开了激烈的讨论。

第一，目前已经确认这次宇宙巨变与外星人的大计划有关。

第二，银河系外围恒星喷发的能量球全部射向太阳系，说明该大计划肯定是针对人类进行的。

第三，在本超星系团外围，巨变暂停了15天。

第四，数据显示银河系卫星星系中的恒星喷发的能量球，在向内推进的过程中似乎有速度减慢的迹象。

第五，外星人要满足其虚荣心，对人类展示其"万能"的本领，肯定会摆摆"大排场"。因此，他们一定会留足自己"炫"的时间与人类"表演崇拜"的时间。

根据以上几点共识，大家一致认为这次巨变在银河系外的暂停时间肯定会更久。

正是基于"时间会更久"这一判断，这些精英才得以将其野心与想象力发挥到极致，也才有机会演绎出接下来这些惊天动地的故事。

已经是 6 月 4 日的凌晨两点了，参会者决定就地休息两个小时，然后进行下一阶段的研讨。一场在绝望极点与崩溃边缘形成的巨大分歧与生死冲突，即将上演。

第十二章

大分歧

两个小时后,元首们从临时铺设的枕席或垫子、座椅上爬了起来,继续"战斗"。这时正好是6月4日凌晨4点20分。

联合国秘书长主持会议。他将大家达成的共识总结为如下三点。

第一,人类会灭亡,文明也会灭绝。这些估计很快会发生。

第二,在可预测的范围内,或者说无论采取任何办法,包括逃亡或在太阳系内的任何行星上建设掩体、地下城等,都是不可行的。这些自救措施不仅会让人类灭亡时更痛苦,而且在时间上根本不允许。

第三,接下来,我们唯一的任务就是让人类灭亡得顺利些。

问题是我们是否能找到一些好的或相对较好的模式或方式，在可控的情况下，有计划、有次序地领导人类的灭亡与文明的灭绝。只有这样，人类才能在灭亡前的这段时间里，尽可能地避免因全球性动乱导致人类自相残杀。

会场先是静静的，后来变成了死寂。当秘书长讲到第三点时，有人开始长吁短叹，有人开始哽咽。等秘书长结结巴巴、老泪纵横地总结完之后，大家几乎一起号啕大哭了起来。

人真是个奇怪的物种啊！当他所经历的悲惨事件或人生，被别人以故事或总结的方式讲给他听的时候，他很可能才会真正地体会到其中的悲惨，进而悲痛不已。

这时，有人开始相拥而泣，说他曾经因国家之间的利益与敌视，干了很多对不起对方的事；有人开始真心忏悔，说自己当上元首的历史，是一段损人利己的卑鄙的血泪史；也有人开始悔恨，说他这辈子最对不起的人就是家人，特别是老婆与孩子，说着就起身去打电话……正所谓"鸟之将死，其鸣也哀；人之将死，其言也善"。

"你疯了，你还要给家人打电话！"有人抹着眼泪，起来干涉。

"现在，我已经不在乎人类的灭亡了，我在乎的是……灭亡的方式，我不甘心啊！"有人捶打着自己的脑袋。

"是啊，我们的责任不是让人类摆脱灭亡，而是如何更好地领导人类灭亡……这多么悲哀，多么屈辱，多么憋屈啊！我们都不甘心啊！"有人歇斯底里地喊着。

接下来，大家几乎同时发出怒吼："人类以这种方式灭亡、文明以这种方式灭绝，我们不甘心啊……"

然而，大家也只能无奈地号啕！绝望、崩溃与不愿屈服的自尊，让元首们痛不欲生！

秘书长一边流泪，一边开始拍打桌子，大声喊道："安静，安静，安静！"

渐渐地，理智冲破了绝望与崩溃的边缘，大家停止了哀伤，慢慢清醒了过来。接下来，这些元首与专家展示出了过人的坚毅与斗志，很快安排了三个方面的紧急工作。

第一个方面的工作如下。

中国的"黑马组织"加紧与拥有该神秘力量的外星人联系，力争获得谅解甚至帮助。虽然机会很小，但也要尝试。这项紧急而重要的任务由司想领导，中国军方配合执行。同时，会议还给司想提出了三大谈判底线。

一是如果外星人确实要毁灭人类文明，能否选择一部分人，把他们带入宇宙中其他适宜人类生存的星球，即便是遭受奴役，做牛做马，只要能保存人类的种子，也可以接受。

二是如果外星人不仅仅要毁灭人类文明，而且要彻底消灭人类个体，那看能否保存些人类的基因，如可行，也可进一步要求保存一些地球上其他物种的基因，即便是作为对方的实验材料，也可行。

三是如果外星人想让人类与人类文明连同基因一起消失，那么他们能否在其文明史册中记录一点：在这个宇宙银河系中的太阳系中的一个名为地球的行星上曾经存在过一个名为人类的智能物种，而且人类曾创造过比较辉煌的文明。

"这，这，这哪里是底线啊！"

"这，这就是……哎！"

"憋屈啊！悲哀啊！"

大家又号啕了一阵，然后才慢慢安静了下来。

第二个方面的工作如下。

拓展与其他外星人联系的渠道，看能否在人类灭亡之前找到能与这股外星力量相制衡的力量，同时寻求帮助。这将由西蒙教授等建立的全球九大神秘力量联系计划组织牵头，继续扩大在全球范围内的大规模地紧急搜索工作。同时，扩大南美洲神秘联系计划的规模，密切关注古老印加人后裔上一次联系活动的后续进展，要不惜一切代价推进相关工作。

第三个方面的工作如下。

由于宇宙巨变已经向内辐射到本超星系团,而且在银河系卫星星系中发生了不同以往的巨变,下一步,整个银河系肯定会发生巨大的震荡,直至太阳系被摧毁、气化。

在如此紧急的情况下,人类最高决策机构是继续贯彻之前封锁一切信息的策略,还是将所有信息全部公开,让人类接受最终的命运?这是人类最高决策机构目前必须解决的大问题。

上述三个方面的工作,前两项毫无争议,迅速被落实了。然而大家对第三个方面的工作产生了大分歧,形成了三大派。

一派是以欧洲 X 国元首史罔·凯奇等为首的"封锁派",聚集了八国元首;一派是以北欧、美洲某两国元首为主的"解封派",他们分别是乔治·巴普利总统和吉姆·海森总统,形成了七国联盟;还有一派是剩下的五个中立国。

耐人寻味的是,这五个中立国都是经济、军事强国。他们到底是不屑于争执,抑或本身就是另外两大派背后的真正主谋,我们不得而知。不过,这种格局似乎已经注定会让"封锁派"与"解封派"这两大阵营产生的分歧必将升级。

对此,"封锁派"与"解封派"展开了激烈的辩论。

史罔·凯奇代表"封锁派"首先发言,他做了如下演讲。

人类已经危在旦夕了,专家也论证了逃亡或建立掩体都是不可行的,唯一的办法就是在最后时刻尽最大可能减少人类的自相残杀。

然而,在人类及文明濒临毁灭的情况下,什么才是最大的恐怖呢?那就是人类自身心理上的整体性崩溃,各阶层和利益的不同群体,在人性邪恶面的驱使下,疯狂地自残与自我毁灭!

那么,如何才能拯救人类呢?要将这些准备屠杀他人、残害同类、引发内乱的所有人聚集在一起,将其注意力转向另一个敌对目标。之后,再激发他们的斗志、激情,进而消耗他们的精力。等精力被消耗得差不多了,即便他们知道了真相,也会因为精力丧失太多使破坏力减弱到可控的程度。即便他们最后想造反,也掀不起大浪了。

所以我认为,接下来我们要做的重大事情有三件。

第一,建立一个敌对目标,没有敌人也要假想有一个可怕的敌人。何况现在我们本来就面对一群强大而邪恶的外星敌人。

第二,加强宣传,让人们相信"这个外星敌人并不可怕,只是一只纸老虎而已",进而把人们引导到"期望的目标与道路"上来。

第三，封锁所有"有悖于这一目标"的一切信息，让人们有选择性地接收信息。

能够实现上述目标的关键有两点。

一是让军队准备战斗，让人们支持战斗。在大家激情高昂的时候，人类突然就被灭亡了，我们的任务也就完成了。目前的一切资料显示，人类从意识到会被灭亡直至真正地被灭亡，时间间隔应该会很短。所以，必须尽快实施这一计划。

二是要疯狂地宣传，要让人们相信我们，这是实现目标的关键。我们要将人类所有的资源全部应用到宣传上。在动员战斗与准备战斗的过程中要凝聚全人类的力量。

"拿什么去战斗？说得太好听了。""解封派"有元首反驳道。

"你是真不明白，还是装糊涂啊！""封锁派"一元首讥笑着说，"当然是拿精神去战斗。假借战斗之名，将人性的各种丑恶、残忍与邪恶的一面关进笼子里，让人类都在极度亢奋中死去，直到全部被灭亡啊！"

"这不就是一场超级骗局吗？""解封派"有人说。

"骗局怎么了，可以很好地实现目标就行。""封锁派"有人反驳道。

接下来，乔治·巴普利总统代表"解封派"发言，陈述他们的观点。

我先给大家解释一些概念。如今人类人口达到 70 多亿，而我们在座的不超过 32 人，我们肯定代表不了人类。但是，我们却有调动世界上 80% 以上的资源，包括金钱、能源、科技、武器、军队等的权力。我们这几十个人不能依靠特权，就剥夺 70 多亿民众的知情权。

这个时候，民众更有权知道真相，知道自己的命运与归宿，这是他们最后还能与我们这些高高在上，自以为掌控历史、掌控人类命运的所谓精英阶层去分享这么一点点仅存的平等权，知晓"即将赴死"真相的平等权。

现在已经是人类的最后时刻了，我们作为当今世界的"领袖"，要对人类文明在发展进程中数万年以来积淀下来的不平等、丑恶甚至邪恶等进行深刻的反思，并"改邪归正"，这才是我们的担当，这才是当前的最高任务。

有关这些不平等、丑恶与邪恶，大家耳濡目染的太多太多了。此时此刻，我依然还要讲三点：

第一，过往的历史，几乎毫无例外地一再证明，凡是大规模战争，集体性的人类屠杀等事件，都是由"精英"阶层引发、制造的。少数"精英"总善于将自己的意识通过固有体系强行灌输到民众心理，并宣称这些是国家的、民族的或大众的意志，进而去满足少数人毫无底线且永远无法满足的私欲。

第二，少数"精英"由于自身很邪恶，他们总把民众想象得像他们自己一样邪恶。于是，按照这种想象出来的邪恶，挖空心思、草木皆兵地制定各种法律、制度与条款，对民众像牛马一样进行统治、奴役与愚化的同时，像铁桶一样地封锁一切有悖于少数人意志的信息，欺骗与麻痹民众。把民众当成傻子，但是，民众又不是傻子。这样长年累月、反反复复，便激发了更大的阶层与阶级矛盾。

第三，这些主要由"精英"们炮制的谎言，随着时间的推移，渐渐被一些低层次的"精英"与民众知晓后，整个社会从上到下就会开始效仿。渐渐地，道德、人性、善良等都全部沦陷了。

当然，绝大多数的精英是优秀、善良、公道、正直的，不然，我也不会在这儿废话了。

由此，我们认为如果依然继续欺骗民众，等整个银河系发生巨变时，民众也会明白自己已经陷入了巨大的危机中。那时，民众的不满将会像火山一样爆发，进而转化成疯狂的互相残杀，会像蝴蝶效应一样产生巨大的破坏力。

由此，我们提出两项措施。

第一，必须一改之前对全球隐瞒真相的错误做法，公开我们所知道的一切消息。

第二，在人类最大危机到来时，肯定会出现骚乱、大的冲突，但是，我们需要发动整个社会"透明监督"的潜能，即在每个城市、每个街区，将那些心存善念有着高尚情操的人聚集起来，成立"安全度过人类灭亡期"的强大组织。同时，让各类媒体呈现真正的全透明与全开放局面，形成全民监督与防备的大网，从而产生立体轰炸式的效果。

在巴普利总统陈述完之后，会场爆发出热烈的掌声，特别是专家组的掌声很响亮。这是史冈·凯奇元首没有享受到的待遇。

"封锁派"的元首们似乎有些紧张。一位元首站了起来，声音洪亮地说："巴普利总统的演讲很有感染力，不过，我要提醒你一点,你高估了人们一旦发现这一秘密后的愤怒情形。实际上,他们在发现真相后,也完全可能会这样想:这群善良的人为了让全球民众少受精神折磨,居然承担了70多亿人的痛苦,这要有多么伟大的毅力才能做到啊!这就像父亲隐瞒了儿子已患绝症的事实,目的就是想让儿子在所剩不多的日子里过得快乐些。所以我认为,民众不仅不会愤怒,相反,还会对我们感恩戴德呢!这就是伟大的父爱,父爱如山啊!"

"哈哈哈哈!""封锁派"的人居然全体站立起来鼓掌。

"解封派"有人反驳说:"首先,你用父爱来形容'你们隐瞒实情'后民众的感受,这不仅是偷换概念,而且还是一厢情愿。其次,即便是有人像你那么认为,但他只要是清醒的人就会很快意识到这是谎言。最后,有一点很关键,那就是:你之所以有这样的结论和看法,是因为你习惯了统治者这种高高在上的思维模式,你依然还在把民众,这70多亿民众当傻子啊!你真是……"

专家组又传来一阵掌声。

"巴普利总统讲得一点都不夸张。""解封派"有人补充道,"大家都知道,如今社会财富与权力越来越集中到少数人手中,不公与贫富差距几近极限,民众的不满就像层层叠起的炸药包一样,只差一个能将其引爆的火星子了。一旦危机爆发,人性最邪恶、最恐怖的一面将会被彻底释放,因而产生比人类灭亡更大的破坏力，这是完全可能的。"

"你们在胡说些什么？你们难道就不是统治者吗？你们就是正确的、开明的？我们连思维都是定式的，属于习惯性思维……这就是你们的结论啊？""封锁派"有人起来抗议道。

"关键是，如果你现在告诉民众人类马上要灭亡了，这不就率先引爆'炸药包'了吗？请问，这与民众最终自己发现真相又有多大区别呢？""封锁派"又有人反驳道。

"当然有区别了，一个是主动的，一个是被动的。""解封派"有人反驳道，"你们口口声声说，人性在危机情况下，邪恶的一面将会被放大，但是，你们忽视了人性的另一面，即善良的一面也同样会被放大。后者的力量是非常强大的，历史上的很多大事件都证明'正能量能压制住邪恶'是有道理的。前提与关键就是我们要对民众开诚布公地说实话。"

"好，既然人性善良的一面的力量这么大，那么，在他们最终被动地知道真相后，不是一样会出现'正能量能压制住邪恶'的情况吗？""封锁派"有人反驳道。

"情况与前提是不同的！""解封派"有人起来慷慨陈词。

"一方面，人类从诞生的那一刻起，不平等便将他们分隔成'金字塔'上的不同阶层。曾经，顶层的这些统治者们用尽了一切办法，发明了包括政治、经济、社会的各种体制、机制与模式。这些东西的种类无穷无尽，它们构成了一个巨大的'牢笼'。民众被装进了这一设定好的'牢笼'里，被欺瞒、被压榨。而且，统治者们还从文化、思想与意识上彻底地像温水煮青蛙一样，将这些欺瞒变成'天经地义'的社会习俗与道德规范，用来奴役民众，进而将这些社会习俗与道德规范深深地烙印在人们的精神深处，甚至镌刻到民众的基因之中。然而，如今情况已经不同了，民众已经觉醒了，如果社会顶层精英们再继续玩弄这种倒行逆施的'隐瞒与欺骗'的把戏，那么只会引发社会更大的动荡而让人类自食恶果。"

他激动地挥了挥拳头，继续说道："另一方面，人生来就是平等的。这些由精英们世世代代打造的'唯我意识'的社会体系、精神文化、社会习俗与道德规范所形成的'对民众的欺瞒与压榨'，在人类的最后的时刻也应该得到纠正。纠正的唯一办法就是我们这群坐在这儿的领袖们的良心发现与最后的'改邪归正'！实际上，只要我们主动承认之前犯下的错误，让民众知道真相，并不会像你们想象的那样，人类就会顿时陷入疯狂地自相残杀之中。"

在座的人陷入了沉默。

"不论从哪个角度来说，时至今日，我们这些高高在上、自以为是的'精英'们都应该反思。在这浩渺的宇宙中，外星人为什么要让人类灭亡？按照'黑马计划'反馈的信息，那是因为人类狂妄、自大，连外星人都看不下去了。当然，最根本的是，我们在邪恶的道路上越走越远。""解封派"又有人大声强调道。

会场上爆发出一阵掌声。

"一群理想主义的书呆子，你们想得太多了！"史冈·凯奇恼羞成怒，他强压着性子，耐心地接过话茬。

"实际上，人们是不可能发现真相的。我给你们讲个最近发生的真实的故事。一位健身女士被特别告知，说只要被教练暴打，就能快速提高健身效果。由于强大的灌输性宣传，这位女士居然相信了，每周两三次到健身房去接受暴打，最后右眼失明了。医生与家人劝告她，不要再这样被虐待了，她根本听不进去，还继续相信健身房的说教，说眼睛失明，是因为暴打程度还不够，只要继续被暴打，失明的眼睛会重见光明。不久后，该女士双眼失明，不过她依然不相信这是由于健身被暴打而造成的后果。"

史冈·凯奇继续感慨道："说实话，我都不敢相信这个故事，然而，它确实是真实的事情！"然后，又继续说："刚才有人的意思是说，我们隐瞒真相的行为很丑陋，甚至很邪恶，这一结论是不正确的。对此我不再解释了。我唯一要说的是，只要我们把宣传做到位，即便人类会灭亡，民众也会相信我们的宣传。关键是宣传的方式是否高明,力度是否足够大而已。正所谓'一句假话,说了多遍后就变为了真话。'这就是宣传的力量。之前专家们对'喜鹊大迁徙'进行的权威解读,不就产生了神奇的效果了吗?"

"我们确实没想到,在喜鹊大迁徙之后,还有这么巨大的事情发生,否则,我们当时就……真是一步错步步错。撒一句谎,就得用十句谎来圆啊!哎……"有专家自责不已地说道。

随后,双方的争论更加激烈,谁都说服不了谁。秘书长与西蒙教授商量了一下,觉得会议没有必要再进行下去了,于是决定会议暂停半天。

第十三章

元首火并

第二天，即6月5日一早，暂停半天的会议继续召开。大家都知道不能再拖下去了，因此，"封锁派"与"解封派"几乎都使出了浑身解数，力求说服对方。持续了整整一个上午，大家都分别做出了一些让步，不过，在关键问题上还是无法达成一致。

"封锁派"咄咄逼人，甚至以死亡要挟对方。"解封派"的乔治·巴普利总统和吉姆·海森总统气愤不已，起身准备离场。突然，史冈·凯奇冲到了他们面前，不仅挡住了去路，还用双手拉住两位的衣服。这一失态的举动，居然发生在史冈·凯奇身上，大家都觉得这也太怪异了！

"两位请一定要冷静，冷静，不要离场！这会是大灾难啊！"史冈·凯奇那一贯冰冷的眼神里竟然飘出一丝祈求的神情，但那仅仅是一瞬间而已。显然，他应该是在为某个大计划做最后的努力。

两位总统先是一愣，然后，态度坚决地迈出了步子，几乎是并排着朝大门走去……

突然，大门开了，两位服务员走了进来，大家正在好奇他们怎么戴着墨镜。"砰、砰"两声闷响……两位总统的头部中弹，他们的躯体晃动了两下，扑倒在血泊中。

这时，大家才明白两位元首遭受了刺杀，被残忍地虐杀。所有的人，都像被突然实施了定身术，有的拿着杯子，有的张着嘴巴，有的瞪着眼睛，有的正准备站起来……一切都停止了下来……

过了大概一分钟，30多位戴着墨镜，服务生打扮的人从会议室的两扇大门鱼贯而入，手里握着先进的武器，将整个会议室占领了。

"大家都不要动，否则……"一种低沉而清晰的声音突然打破了死寂。所有人的脸几乎都同时"唰"的一下转向发出声音者，原来是史冈·凯奇。在他身后一字排开站着五个戴着墨镜、手握奇怪的消声短枪的人。"再重申一遍，这30多位特种军人手中的武器全部配备了最新改良的超级达姆弹。子弹只要一触碰你的身体，不论是什么部位，你知道后果的……还有，你们所有人的保镖、到场的工作人员都被我的人制服、控制或监视了。另外，在会议室外还有一支特种军队，他们配备了当今世界上最先进的武器与信号检测仪器。如果你想对外发送任何信息，不论是用什么方式，那你就试试你的脑袋到底有多硬吧。你们不要有什么幻想，这会儿得听我的。"

"当然，有人会怀疑这里怎么能容得下这么多特种军人，且他们能随意出入呢？"史罔·凯奇狡黠地笑着，用脚跺了跺地板，"下水道啊！在一楼一间不常用的房间里，他们凿开了一个洞直通下水道。另外，联合国总部内部与大厦周边到处都有我们的线人。你们就不要再费心思了，这就是事实。"

"现在你们都明白了，"史罔·凯奇像老鹰眼睛的双眼发出冰冷的光来，似乎要将这个炎热的夏季凝固，"不过，我依然要明确地告诉大家，那两位总统是我让人杀的。因为怕出现失误，所以，我让人使用了这种'可耻'的'超级达姆弹'！我对他们的死负责，并表示沉痛哀悼。同时，支持我的那八位元首，请你们理解如今世界的危机，理解我的所作所为，我也迫不得已啊！"

之后，史罔·凯奇走到秘书长面前，与他低头沟通了一阵后，一位戴着墨镜的便衣递来电话。秘书长很不情愿地对"安全和安保部"（简称安保部）负责人下达了指令："我们正在进行非常重要的会议，不论发生了什么情况，都必须封锁消息，不让任何人擅自出入会议室！要比前几次会议做得更好！"

随后，秘书长还在两位摘掉墨镜的便衣的陪同下，到各楼层里的重要部门巡视了一圈。秘书长虽非常厌恶史罔·凯奇的极端做法，但就个人而言，他还是倾向于采取果断措施，对全球实施管控。所以，在他见到安保部负责人的时候，还神色自若地重复了一遍秘密会议的重要性，进而让安保部负责人彻底打消了会议室外有些不寻常的顾虑，这把两位便衣吓得一身冷汗。

不过，史罔·凯奇深知，这个时候秘书长是不会且绝对不敢出什么乱子的。

对于会议室内刚刚发生的事情，联合国总部的绝大多数的工作人员也明显感觉蹊跷。但是，在秘书长露面之后，他们也就彻底释然了。

接下来，史罔·凯奇慷慨陈词，即兴发表了一个演讲。

我记得小时候，我和一群小伙伴去打三条蛇。三条蛇先是一起朝同一个方向逃跑，我们追得急，它们就分开跑了。但是，当我们追得更急时，这三条蛇居然又朝同一个方向会合。几乎是到了'山穷水尽'的时候，它们同时停了下来，高高地抬起头来，同时向我们吐出长长的蛇信子，把我们给镇住了。随后它们死里逃生了。

原因是什么？是团结。是那种来自本能的强烈的'共同求生的欲望'啊！马路上，一只小小的螳螂居然能将其前臂高高地举起，想挡住车的去向。人类在这个时候就得有螳螂这样的精神和决心，特别是广大民众，只要我们掌握好方式和方法，一定能把他们变成一只只、一群群'共同对外'的螳螂。当然，也有人会认为，即便是这样也不能阻止人类灭亡。但是，这样就能保住人类最后的尊严，直面被灭亡的尊严啊！

很多人说，不论怎样人类都会被灭亡，那还要尊严干什么呢？可是，我要说，这种尊严就是对灭亡人类的邪恶的外星人的最好回击！

所以，在这个时候，我们全人类需要一起行动，团结在一起。

然而，如今我们形成了两大派别，毁灭还没到来，我们自己就先乱了。

在座的都是人类的顶级精英，既然民众赋予我们这样的权力，在最后时刻我们就得承担应尽的责任与义务，对得起自己的良心。

最为关键的是，我们抱着这种必死的信念去战斗，或许还能冲出一条生路。虽然这种几率很小很小，几乎为零，但是，我记得西蒙教授曾在这个会议室里引用过一条重要的科学结论：生命在这个世界上诞生，那是亿万万分之一的几率，然而它却奇迹般地诞生了。所以，我也期待着奇迹！

因此，我认为，我们唯一的选择是"为人类的生存与文明的延续去战斗，拼命到底。"而且，还要让民众相信"胜利最终是属于我们的，是属于伟大的地球、伟大的人类的！"

在大家颤颤巍巍、凝神屏气地听完史罔·凯奇的演讲后，会场里居然还稀稀拉拉地响起了掌声。之后，史罔·凯奇宣布："另外，这两个国家的主要党派的党魁与议会议长们将会很快到达这里，另外，大家今天还有一项特别重要的任务。"

"什么任务？"有人终于鼓起勇气说话了。

"那就是，今天所有人必须达成一致的意见，如果未达成，大家就不能离开会场。"

之后，大家都不说话了，会议室一片死寂。

"请问这两国的议会长与主要党派的党魁们什么时候到？"有人问道。

"大概六个小时后，至于我是怎么把他们请来的，为何这么快，那是我的事。不过，有件事需要美国总统配合，请您给白宫的有关人员打个电话。"史罔·凯奇说着，端着水杯向美国总统走去。

他先和美国总统沟通了一会儿，之后，他将电话递给美国总统。美国总统并没有拨打电话，而是死死地盯着史罔·凯奇，史罔·凯奇同样死死地盯着他。

美国总统明白，此时此刻，如果卷入派别之争，整个世界必将即刻引发巨大的灾难，静观其变、顺其自然或许才是最负责、最明智的举动。于是，美国总统拨通了白宫幕僚长的电话。

"我们正在召开非常重要的会议，不论收到什么信息，都必须像前几次一样对外封锁消息。记住，这次情况更严重，因此我特地打电话告诉你。"

白宫幕僚长回想起在前几次会议中总统的举动神秘、奇怪，总统关闭电话长达五个多小时，弄得他只能指派当地秘密警察前往会议室查验安全，还受到其他国家元首的指责。所以，这次他对总统的来电不仅没有产生丝毫怀疑，而且他还更加重视对外封锁一切消息的任务了。

实际上，近 20 多天以来，20 国元首已经是第五次在这里开会了。在每次开会时大多数人都关闭了所有通信设备，一待就是一两天，甚至到深夜都不出会议室。之后，有些元首便出现了一些怪异的行为。在这 20 多天里，几乎所有接触核心层的工作人员都对这些元首"神秘兮兮"的怪异行为"习以为常"了。

很快,白宫幕僚长收到了 FBI 高级特工传回来的情报,怀疑联合国总部元首们参会的秘密会议室出现了异常。此时,幕僚长才刚刚放下总统先生的电话,于是就将此类情报给挡了回去。

之后,会议室里的便衣很快将死去的两位元首的尸体装进塑料袋里搬走了,同时将会议现场清理得干干净净,然后摘掉墨镜,在元首和专家后面以人盯人的方式坐了下来。

两个小时后,白宫幕僚长又收到了多方消息,称联合国总部元首们参加的会议估计出现了变故,幕僚长因此也忐忑起来,于是他再次拨打总统的联系电话,先是没有接通,后来接通了确认总统没事后,他彻底打消了顾虑。

三个小时后,一些参会国的总统府或元首办公室向白宫打来电话,说他们联系不上元首,其贴身工作人员与保镖们的电话等有异常现象。他们虽然已经向联合国总部的安保部确认了元首们的安全,为了稳妥起见,还望白宫幕僚长再次确认。幕僚长只得安慰他们说:"这段时间元首们有重大事情要商议,有关安全的问题我已经反复确认了,请大家放心。"

至此,所有参会国的总统府或元首办公室的人都打消了顾虑。

第十四章

大妥协

六个小时后，两大元首遇害国的主要党派党魁与议长们先后抵达。他们分别被安排到会议室的两间休息室内。

史罔·凯奇即刻会见其中一国的领导人。这个国家有三位党魁，其中两位还分别是该国议会上院与下院的议会长。在长达40多分钟的会面中，双方发生了激烈的争吵，最后才达成了一致意见。之后，该国执政党党魁哈默·谢顿与史罔·凯奇一起前往另一休息室会见另一国的两位党魁与两位议长，谈话似乎很顺利。20分钟后，史罔·凯奇走出休息室，两国领导人在一起商量了大概一个小时。其间，史罔·凯奇三次被邀请进去参与商议。最后，两国领导人与史罔·凯奇一起走出休息室，走上发言台。

哈默·谢顿向前一步，神色庄严地说："在此，我谨代表我国政府、议会与主要政党做出如下声明。我们对史罔·凯奇对我国总统残忍的谋杀行为表示极大的愤慨，对总统的悲惨遭遇表示沉痛哀悼，对史冈·凯奇对我国疯狂的挑衅提出严正抗议，并保留随时进行反击的权利。不过，如今人类面临巨大的危机，这与发生的总统被杀事件相比要严重得多。我们此刻才真正意识到危机的严重性。经过我们反复考虑、权衡，我们一致支持'全球采取激进的策略和措施，以应对这次人类最大的危机'的提议。"

接着，另一国的四位领导也发表声明，内容几乎与哈默·谢顿说的一模一样。

会议室里的其他元首惊愕不已，同时，也对史冈·凯奇处理危机的策略与运作能力惊叹不已。虽然大家非常不情愿，但他们似乎也只能妥协了。

接下来，经过大概一个多小时的激烈争论，在北美、欧亚的三个国家持保留意见的情况下，大家同意决定立即成立有更大权限的新的全球统一指挥中心（简称"统一指挥中心"）。此外，大家还同意追加一条大家都认为不大可能生效的附加条款：如果人类成功度过危机，那么，总统被谋杀的两国可依照国际法，对主谋所属国保留追究经济赔偿或制裁的权利，同时，可与其他国家一起提请联合国法庭追究主谋的刑事责任。

史冈·凯奇认为人类灭亡是板上钉钉的事情，这条附加条款虽然严苛，但也是值得的。实际上，这也是唯一能与其他国家达成妥协的方式了，于是他也就同意了。

最后，在推举统一指挥中心的军事、政治与宣传总指挥时，竟然还有一多半的元首提议由史罔·凯奇担任，提议的人中居然还有哈默·谢顿。

哈默·谢顿的举动再一次让所有元首与科学家惊愕，甚至有人还怀疑他是不是一个间谍，是不是在和史罔·凯奇唱双簧。但不论从哪个角度分析，这都是万万不可能的事情。

当然，哈默·谢顿的提议也引发了该国另外两位党魁的严重不满。于是，哈默·谢顿与另外两位党魁再次走入休息室。

显然，面对这场突如其来、前所未有的大灾难，有三件事情是这群老谋深算的老政客们万万没想到的。

第一，这里居然发生了元首火并事件；第二，总统遇害国的其他领导人不仅不追责凶手，还很快被凶手说服了；第三，在总统遇害国的其他领导人中，居然还有人提议让凶手担任总指挥。

"这真是自创世纪以来，从未有过的大怪事啊！"一位元首私下对另一位元首说道。

这群世界顶级精英与领袖们像是被困在大洋中的一艘破船上且毫无生存希望的一群水手，在绝望时突然发现了一个指南针，于是，就机械地被"指南针""左右"了。此时此刻，在这个会场里，总统遇害国的其他领导人的态度，很自然就变成了"左右"会议进程与走向的"指南针"。

在休息室内,执政党党魁哈默·谢顿,盯着其中的一位在野党党魁,他说:"前年夏天在蒙特利大街刺杀我的行动,是不是你干的?"然后他迅速转向另一位在野党党魁,继续说:"还有,去年在克里尔度假村射杀我的行动,是不是你干的?"

两党党魁被突如其来的"攻击"弄得瞠目结舌,半天不知如何是好?

"你们不要自以为这些'阴谋'与'邪恶'的策划做得滴水不漏,以为我不知道……我有足够的证据在手,为何没有揭穿你们更没有起诉追责你们,是因为我们还有合作。于是,我原谅了你们,知道了吗?"哈默·谢顿话锋一转,"好了,不说这些过去的事情了!现在,我来问你们,为什么在关键问题上,说好的事情,你们总是要反反复复地阻挠我,拖我的后腿呢?"

"不不不,并没有说要推举这个疯子、偏执狂与'恐怖分子'担当总指挥啊!他可是公开虐杀你的好朋友——总统先生的人啊!这种杀人方式,令人发指……不不不,这些词语怎么这么苍白无力呢?是超级暴虐、终极残忍啊!"一位党魁结结巴巴地说。

"关键是,这个极度危险的疯子、偏执狂,他若得逞,这将不仅是世界的最大灾难,也会是我国的巨大灾难啊!"另一位党魁补充道。

"什么是最大灾难？什么是最大灾难？"哈默·谢顿轮番盯着两位党魁，连问了两遍后，缓慢而清晰地说："现在世界末日就要来了，还有比这更大的灾难吗？有没有，有没有？"

大家沉默了一会儿，哈默·谢顿话锋一转，"我问你们一个非常重要的问题，第二次世界大战最危险的时刻与转折点是什么？"

两位党魁被哈默·谢顿如此大尺度的跳跃思维与话题弄蒙了，担心一不小心又会坠入他早就设计好的圈套。所以，两人都不敢回答，只是呆呆站着，傻傻地望着哈默·谢顿……

哈默·谢顿看都不看他们，停了一会儿，自言自语，"不要轻信那些所谓的历史学家、战略专家及教科书上讲的那些正确的废话……"

"那到底什么才是第二次世界大战最危险的时刻与转折点呢？"哈默·谢顿低下头来，继续自言自语，"我认为是英国选择了丘吉尔的时候……丘吉尔是什么人？他是一个早上起床就喝酒，喝完酒后才去办公，办公途中去冲澡，冲完澡后出来就骂秘书的'疯子''酒鬼'……只有他这种人才敢做只有百分之一胜算的事，去打根本看不到希望的仗，知道吗，知道吗？他就是一个'偏执狂'！"

说着，哈默·谢顿抬起头来，面对两位党魁："你有如此'变态'的魄力吗？你有如此'魔鬼'般的豪情吗？你能从一只萤火虫的光亮看到整个世界的光亮，有如此强大、无与伦比的洞察力吗？"

哈默·谢顿那双犀利的眼睛死死地盯着这两位党魁的眼睛，提高了嗓音：

"这些特质，你有吗？还有，你有吗？他们都有吗？他们谁有……"哈默·谢顿用手指了指会议室里的各国元首与专家们，若有所思地说："反正我是没有的……所以，我知道他就是最佳人选，在这个会议室里，所有的人，只有他，知道吗？一个地地道道的疯子、偏执狂与狠角色……非常之时必用非常之人，知道吗？"

"这个，这个，是这个道理，但是，但是……"两位党魁的眼神躲闪着。

"但是什么？"哈默·谢顿的语气变得亲和了些，"你们看，需要豪情与胆魄的时候，让丘吉尔上；战争结束，用不着他了，就让他下；国家再需要激情的时候，又叫他上……他不也是一枚'棋子'吗？"

"呵呵呵！"两位党魁笑了，似乎悟出了道理。

"当然，在这个世界上，哪个人又不是一枚'棋子'呢？只不过是你所在的'棋局'大小不同而已……"哈默·谢顿进一步补充道，似乎觉得自己诋毁自己崇拜的偶像有些不妥。

"不过，还有，还有，副总统，恐怕未来……"另一位党魁又支支吾吾起来。

"你看看,又来了,副总统是什么?我不知道其他国家的副总统是怎样的,但是在我们国家,副总统不是只有三种人能当吗?反过来,这三种人也只能当副总统,你知道吗?一枚'棋子'而已,知道了吗?"

"哪三种人?"另一位党魁脱口而出。

"这还用我来教你吗?反正这次我们必须增加一条,让史冈·凯奇担任非常时期全球指挥中心主席。现在已经非常危险了,是整个人类的危险时刻了,你们不要再打什么国家的、民族的小算盘了!更不要打党派的小算盘了!"

这时,这两位党魁似乎突然发现了隐藏在哈默·谢顿人格里的某些"光辉",为之前做的不光彩的刺杀等事情而感到内疚,于是,他们达成了一致意见。

他们三人一起走出休息室,在门口,哈默·谢顿突然转过头来,笑呵呵地盯着另外两位党魁说:"不会再出问题了吧?"

"不,不,肯定不会,我们全听你,你懂的!"两位党魁几乎异口同声地说。

后来,史冈·凯奇被推选为统一指挥中心总指挥,拥有全球指挥权。哈默·谢顿被推选为统一指挥中心第一副总指挥。

"看来,狠角色总是在最关键的时刻走向前台啊!"一位党魁对另一位党魁说。

"呵呵，呵呵，你慢慢看吧，这还早着呢……"另一位党魁回应道。

之后，大会开始讨论如何改组全球指挥部与成立统一指挥中心等具体内容，大家持两种观点。

一种观点认为，毕竟这是全球性计划，在某些关键时刻需要在政治、军事等方面进行统一指挥和行动，建议将全球所有国家纳入。

另一种观点认为，这一组织的其中的一项非常重要的工作，就是要将当前宇宙、本超星系团、本星系群，甚至以后有可能发生在银河系的巨变与大危机等消息封锁，并对民众进行有目的性地引导。如果核心议事国太多的话，"泄密"概率将会大大提升。

最后，大会综合了上述两种观点，决定将全球指挥部的政治、军事、资源的调动与支配权限进一步扩大。为保证在关键时刻发挥机动、快速的应变能力，决定成立全球临时联合政府，同时扩充机构。核心议事国由原来的 20 国扩充至 30 国，专家团队增加军事战略与行动战术、地域政治与协调、人类心理学与潜能研究等方面的专家，团队成员由原来的 30 名增加至 60 名，其中直接参与核心议事的专家由原来的 10 位增加到 20 位。司想因在与外星人联系事宜中做出了重要贡献，且在天体物理学方面"时有独到洞见的天资"被正式纳入这20位核心议事的专家团队。

由此，全球临时联合政府的新的领导机构，也正式更名为"宇宙大巨变非常时期全球临时联合政府全球大危机统一指挥与行动中心"（简称"全球指挥中心"）。30国行使实权的总统、首相或总理（为方便叙述，以下统称"元首"），外加联合国之前的秘书长和一位副秘书长，与20位由全球各领域顶级专家组成的52人团队负责全球指挥中心的日常事务，包括召开日常会议、做出决策等。由联合国安理会向世界各国传达信息。这样，核心机密事宜便掌控在这52人手中。同时，这52人中的30国元首都是世界各国政治、经济与军事的实际领导人，这样便形成了强有力的临时性的全球政治、经济与军事指挥中心。

史冈·凯奇、哈默·谢顿，分别担任新成立的全球指挥中心主席和第一副主席；其他八位元首担任副主席，西蒙担任专家组第一学术负责人，同时为全球指挥中心副主席。大会还赋予史冈·凯奇在非常时期拥有政治、军事、宣传与行动的最终决定权，西蒙拥有直接调度全球科研、科技与文教等资源的特别权力。

大会宣布全球指挥中心即刻开始运行，同时联系刚刚增补的国家与专家，与其进行沟通与协调，以便对方能及时参与到实际工作中来。

会议结束后,司想端着一杯茶去见西蒙教授。西蒙教授一脸倦容,埋着头正在整理手中的资料,他看都没看便接过司想的茶杯,一饮而尽。

"这茶好啊!精神一下子就好多了!"

"这是'中华龙脉'秦岭高山云雾中出产的一道茗茶。"

"是吗?"西蒙教授抬起头来,笑眯眯地看着司想,似乎真的不再犯困了。

"老师,他们说我在天体物理学方面'时有独到洞见的天资',这也能成为入选的理由?我总觉得怪怪的,不要这条岂不更好?"司想不解地问。

"哈哈哈哈!"西蒙教授大笑了起来,"你呀,你呀!可能是在磨你的性子吧!你才41岁,比52个人的平均年龄还小15岁呢!"

"还有,"西蒙教授似乎突然想到了什么似的,严肃了起来,"司想啊,以后的核心会议,你要多听少发言,你的性子我是知道的,冲动会非常危险,你知道吗?非常危险……"

司想点着头,岔开了话题,"老师,我不明白为什么要推举史冈·凯奇为主席,哈默·谢顿为第一副主席?史冈·凯奇居然还被赋予政治、军事、宣传与行动的最终决定权。这不是非常危险的吗?"

"非常时期也只能这样了。"

"不管怎样，我们都得做好参谋工作，毕竟现在是关乎人类存亡的关键时刻。"西蒙教授眼中似乎闪烁着泪光。

司想也沉默下来，一会儿过后，他安慰西蒙教授说："老师，或许还有另一种结果呢？您要多保重身体！"

"还能有什么结果？你的想象力我一直不怀疑，但在这件事上，就只能是这种结果了。整个专家团队经过长时间的反复论证也只得出了这个结果。"

全球指挥中心成立的当晚，在绝大多数专家没有参与的情况下，经各国元首反复讨论，最后还达成了另一项妥协性的共识，并对外发布了一则消息。消息的大致内容是两国元首乔治·巴普利和吉姆·海森，昨日在参加联合国教科文组织的一次常规性研讨会时，因突然脑溢血，先后不幸逝世。

同时，为安抚这两国人民的情绪，大家同意将原附加条款更正为如果人类成功度过了危机，那么，这两国可获得其他28个成员国不少于该国当年 GDP 1/3 金额的经济援助，同时这两国保留对主谋所属国进行制裁的权利。此外，这两国还可以就此次"谋杀事件"造成的世界性后果与其他国家一起提请联合国法庭追究主谋的刑事责任。

后来，司想与几位专家得知这一消息，他们气得瑟瑟发抖，但又十分无奈。

第十五章

搭建通途

6月5日晚上才成立的全球指挥中心，6月6日一大早便开始高效运行了。主席史冈·凯奇率领全球指挥中心52人，手按《人类最新编年史》与《人类文明》宣誓就职。在核心团队成员做了详细的分工之后，史冈·凯奇与哈默·谢顿进行了一次长谈。

　　史冈·凯奇与哈默·谢顿一起走入联合国总部大厦刚刚布置好的全球指挥中心主席的办公室，史冈·凯奇将哈默·谢顿拉到办公桌前方挂着一张硕大人类演化史图的墙壁下，然后，后退三步，深深地向他鞠了三个躬。哈默·谢顿一怔，赶紧惊慌失措地回敬了三个躬。

　　"感谢您！感谢您！"史冈·凯奇上前紧紧握住哈默·谢顿的手，说："实际上，我给您鞠躬的原因是我心中没底。唯一的底是对您的仰仗。"

"这话从何说起?"哈默·谢顿有点意外。

"全球临时联合政府是一个实名,更是个虚名,关键在于如何协调和运作。如今唯一的优势就是人类已经到了最后的时刻了,这非常危险但又是一个大机遇。关键是,人类灭亡,我真的不甘心啊!"史冈·凯奇沉默了片刻,"我真正的朋友很少,几乎没有,我也没有诉说的对象。但是,我知道,从个人的角度来说,我正在干一件大蠢事!"

哈默·谢顿低着头,沉默着,没有说话。"但是,人类以这种无奈的方式灭亡,我真不甘心啊!"史冈·凯奇眼睛里闪烁着泪花,声音有些颤抖,"还有,一切都到最后关头了,坐以待毙不是我的处事原则,不管敌人有多么强大,我必须抗争;不管敌人有多么'耀眼',哪怕如同布满苍穹像火一样燃烧的群星,我也要'回敬'一点点我自己的光亮,即便我的光亮像萤火虫的光亮那样微不足道!"

"但是,你是拿70多亿人的命运来做豪赌,这70多亿人的命运不能由你一个人说了算啊!"哈默·谢顿依然低着头,喃喃自语。

接下来是长时间的沉默。

"我唯一感到欣慰的是你也站到我这边来了。"史冈·凯奇低沉的声音打破了沉默。

"是啊,凯奇主席,我们已经是一条绳子上的蚂蚱了!我既然做出决定了,那么,我就应当竭尽全力支持你,支持你以这种极端的方式来展示这种无奈、憋屈得要发疯的抗争,不管这是属于精神层面的还是属于尊严层面的抗争,也不管这是属于整个人类的还是仅仅属于你个人某些目的的抗争,现在已经顾不了那么多了!"哈默·谢顿抬起头来,一双犀利的眼睛紧紧地盯着史冈·凯奇。

史冈·凯奇一惊,然后上前,紧紧地抱住哈默·谢顿,史冈·凯奇这个几乎从不流眼泪的极端的男人激动得热泪盈眶!

之后,史冈·凯奇与哈默·谢顿进行了分工。让哈默·谢顿感到意外的是,史冈·凯奇让哈默·谢顿统领政治、军事与行动,他俩像互换了角色一样,而史冈·凯奇只管宣传。史冈·凯奇说政治、军事与行动只需密切配合宣传便可。宗旨与口号是:"精神、宣传是核心,宣传指向哪儿,其他就打向哪儿。"

后来,随着工作的开展,哈默·谢顿才渐渐明白史冈·凯奇的过人之处。不过,此时此刻的哈默·谢顿,他骨子里早就埋藏着的称霸世界的野心得到极大的满足。他那天才般的资源整合能力、组织能力,无与伦比的协调能力,亲和力、号召力、演讲能力与个人魅力,等等,在随后的工作中得以成倍地放大。

30位元首居然全都成了哈默·谢顿最亲密的战友、伙伴。哈默·谢顿被邀请到各国议会进行访问,在万人欢呼的公共场所发表演讲。他居然比任何在霓虹灯下的影视明星还要耀眼，让人崇拜。特别是这30国之外的国家领导人与各界精英们，更是把能与哈默·谢顿合影、握手，甚至跟在他身后闻闻汗臭，都当成是人生最大的荣幸与至高无上的荣耀！

不过，老辣的哈默·谢顿非常清醒，他深知他们在打一场只有他们自己才知道有多么艰难、苦涩与悲壮的战斗。一切笑脸与荣耀的背后都是血淋淋的痛楚、操作与实干。

与哈默·谢顿相反，史罔·凯奇几乎成了隐名埋姓的忍者。他一天到晚躲在灯光阴暗的办公室里，通过最先进的全球网络与监测系统，密切关注着世界的一切变化。他组建了阵容庞大的宣传团队，各种离奇古怪的宣传与动员像极速裂变的病毒一样，伴随着哈默·谢顿在全世界的无限风光，一浪掀起一浪，像潮汐卷过沙滩，像秋风扫过大地，所到之处，无不席卷一切。

全球各国很多清醒的人士纷纷提醒说史罔·凯奇与哈默·谢顿的做法危险巨大。对于深知内幕的30国元首来说，这不是他们的放任，而是他们乐见其成的，更是他们推波助澜的结果。只不过，他们是站在后台，而这两人是站在前台表演而已。

一天，史罔·凯奇急匆匆地跑到西蒙教授的办公室，取得有关"喜鹊大迁徙"的解读策划书与影像资料，在自己办公室足足研究了一晚上。第二天一大早便组织他那支庞大的宣传团队中的30位核心成员，给他们上了一课。

"这个宣传片为何很快能深入人心，彻底让全世界民众相信呢？那是因为这个策划团队是天才啊！我发现不少于50个精妙的策划点，你们需要认认真真地进行研究。这里只提三个很小的细节：第一，宣传片与神秘的松果体结合起来，迎合了大众喜欢并相信神秘的东西的习俗，由此征服了大众。第二，亚洲人做事的拼命精神，全世界的人都知道。所以，攻克'解封喜鹊、鸽子基因的润滑激素'这道难关非亚洲人莫属，其核心证明报告也肯定由亚洲人来出具才最好，而且还得是男性。你们看'一位头发杂乱、一脸倦容的亚洲男性生物学家……'这个细节，厉害吧，哈哈哈！第三，宣传片中最后出现的这位温柔美丽的女科学家，她那'软'如棉花糖一样的表情与亲和力，会将数以万计的'青蛙'给温柔地煮死、煮透，哈哈哈哈……"

之后，史冈·凯奇严肃而焦虑地说："可惜，我们现在面临的状况要比喜鹊大迁徙复杂亿倍、危险万倍、艰难千倍……所以，大家一定要用奇异的思维与方式来开展铺天盖地的宣传与动员，要让民众深刻地认知外星人对人类发动攻击并不可怕，他们个个都是纸老虎。要让民众相信'未来有可能出现的世界末日的一切天象'都是由于外星人对人类科技、军事的畏惧而不得不撒下的烟幕弹，让民众感觉他们未来有可能看到的这些天象都是虚幻的。要让民众从骨子里认同我们。由此，我们就会以必胜的信念与满腔激情与外星人开战。要让民众相信外星人的飞船实际上不堪一击，我们勇敢的战士甚至用一根竹竿就可以将外星人自认为最伟大、最先进的飞船给'捣'下来。"

"我们必须保卫地球与太阳系，无论付出多少代价。不管是在海边，在陆地上，在原野上，在大街上，甚至在群山之中，我们都要和敌人奋战到底，决不投降。"史冈·凯奇慷慨陈词，激动不已。不过，他渐渐发现，参加会议的这30位宣传勇士都瞪大眼睛，惊恐万分，更谈不上有什么激情了。这与他自己的"表演"形成了鲜明的对照啊！

他突然感觉他的力气用错了方向，便停止了演讲。随后，他将这30人按照不同领域划分成30个宣传小组，在全球开展各自的宣传任务。同时，这30个小组必须在两天之内拿出全球立体化宣传计划，然后形成一个完整的"海陆空"轰炸式的宣传计划。

"要疯狂，不，是癫狂，要不惜一切代价的癫狂！"最后，他为这一大计划定了调，并反复强调。

之后，史冈·凯奇把20位专家召集起来，给他们一项压倒一切的任务，就是要毫无商量余地地配合宣传团队的工作。宣传团队提出的设想、计划，不管有多么不合理，多么违背常识，多么荒唐，都要为他们的设想、计划寻找科学根据，没有根据也得弄出根据来。这一任务把西蒙教授吓得目瞪口呆。司想与其他几位科学家都站起来反对。

司想正在据理力争，两个戴着墨镜的工作人员不知从哪儿突然钻了出来，正慢慢地向他逼近，司想全然没有注意到或者说他根本无暇顾及了。

　　这时，除了司想的声音，会场静得连每个人的呼吸声似乎都能听得到。所有人都在焦躁、惊恐地看着他……

　　"啪！"突然，一声碎响打断了司想的讲话，整个会场的气氛突然凝固了。很久之后，大家才从惊恐中缓过神来，望向声响的方向，原来是西蒙教授将水杯狠狠地砸向了地面。

　　"司想，你这个混蛋，你若再不停止，"西蒙教授缓慢、低沉地说着，几乎是一字一句地吐出了后面的话来，"会场的人如果再听到你的声音，下一秒我就立即撞墙，脑浆迸裂，给你、给你们看看……"司想被老师的怪异得如"诅咒"般的话语，吓得像死人一样无语了，待在那里一动不动。会场死寂，所有的人都惊恐地盯着史冈·凯奇。

　　"哈哈哈哈，有个性，我最敬重的西蒙教授，怎么会这样呢！"史冈·凯奇也从惊异中清醒了过来，转头盯着正准备继续迈出步子的两个戴着墨镜的工作人员，骂道："混蛋东西，这里轮得到你们捣乱吗？还不快滚出去！"

　　史冈·凯奇亲自上前为西蒙教授倒开水、冲咖啡，像一位虔诚的学生一样，向专家团队致歉，说自己太心急了。实际上，并不需要像各位专家想象得那样违背科学与常识，只要做得比之前关于"喜鹊大迁徙"的报告与宣传等要好数百倍就可以了。

很长一段时间的沉默后，西蒙教授也开始对大家说："现在是非常时期，我们每个人都得以非同寻常的思维与行动适应，做好参谋工作！"

"好好好好。"史罔·凯奇鼓掌，连连称好！

会后，司想去见西蒙教授，对老师的"救命之恩"感激不尽，说："老师，这太疯狂了，太离谱了，或许在人类还未灭亡之前就会爆发全球性大灾难！"

西蒙教授沉默不语。

"这到底是怎么回事啊？"司想焦急地问。

"这个，这个，"西蒙教授耐心地解释着，"有着强大抱负的人，一旦失去了约束，就像逃脱牢笼的魔鬼，什么事情都干得出来。这次人类即将到来的灭亡创造了条件和机会。但是，这也将很快终结他们为之奋斗一生所疯狂攫取的既得权利与利益。与其说是整个人类不甘心，不如说是少数人不甘心啊！所以，在最后时刻，一切将会被疯狂地放大！"

"这不就是少数人的不甘心'绑架'了70多亿人的不甘心，以满足个人永无止境的私欲吗？"

"也不全是。"

"老师，您和我能否一起辞职不干了呢？"

"这肯定不行！"

"是不是我们一辞职，我们很快就会在世界上消失？"司想愤怒不已。

"不是的。在如此紧急与危险的情况下，如果辞职，我们将会以反人类罪被逮捕，很有可能即刻被判死刑，立即执行！"西蒙教授说着，停顿了一下，"因为留给人类的时间不多了。你看不出来吗？"

"当然，这也确实掺杂着整个人类或将以此憋屈的方式被灭亡的不甘心，哎！其他不管，仅仅为此崇高的'不甘心'，你我都该留下来战斗啊！"西蒙教授补充着，"这也应该是全球所有的知情者做出如此艰难选择的原因吧！当然，这也正是史罔·凯奇为何敢如此疯狂的原因吧！这也是对人类弱点的'恐怖'利用啊！"

司想惊恐地看着老师，半天说不出一句话来。西蒙教授叫司想拿把凳子来，让他坐在自己的正对面，他拉着司想的手，看着司想的眼睛。"孩子，你还年轻，才41岁，可惜就将面临，哎……"说着，他一改温和的口吻，慎重而严肃地说："以后要记住，不要因为太过顺利，你就过分任性利用命运赐予你的特质。在这个世界上，如果你不分轻重、不保持克制，任意'放纵'你的一腔热血,不论你有多大本事,你都会很快倒在血泊之中。不过,孩子,因为你的本性与特质,我会始终爱你,除非你犯下了不可饶恕的大错。"

这次会议之后,专家组成员一改过去只搞科研的状况,除了留有少数专家密切观察宇宙新动向并收集大量资料进行深入研究,其他大多数人几乎全都投入到这种旁门左道的宣传工作中。

另外,司想主动提出要回国紧急继续开展"黑马组织"与神秘力量的联系工作。当然,他依然可以通过经高度加密的远程视频的形式参与52人团队的日常会议,只不过他只有旁听的权限,没有发言的权限了。

第十六章

疯狂的迷阵

史冈·凯奇白天与专家组的一些专家讨论各种未曾公开的人类高科技、先进武器,如何防范、反击外星文明入侵等内容,晚上听取宣传团队关于战略、战术与全球各项工作的推进情况的汇报。

不过,史冈·凯奇与专家们研讨的那些内容都是提前设计好的,诸如反物质、量子定向炮弹、暗物质网络等。每次讨论时,宣传团队都有相关领域的人员到场旁听,以便寻找宣传素材。

而在世界各地飞来飞去的哈默·谢顿,总是随时让助手们给史冈·凯奇送去有关全球军队部署、资源整合、区域协调等方面的进展报告和资料,这些报告与资料一摞一摞地被堆在他的办公室。史冈·凯奇只是当面简单询问,连看都不看就让秘书将这些资料整理后放进他那巨大的资料储藏室。不过,他总是会定期打电话给哈默·谢顿说:"你做的每件事我都非常放心,到时,只要他们配合我进行宣传就够了。不过,你的这些工作都是伟大且至关重要的,我非常欣赏你!"

几天之后,在世界范围内,先后发生了很多轰动性的大事件,全球媒体几乎都达到了亢奋状态,一些从未公布的人类科技、军事力量和过往与外星文明的众多接触、合作与疑团等以各种方式被揭露。人们的思想与意识像突然被清洗了一样,几乎发生了翻天覆地的变化。

最早是欧洲某国国家秘密研究中心,一名叫"堕落天使"的跨国黑客组织成员,他在某个高端社交网络中,泄露了有关人类的一批重要秘密情报。这批情报很快在全球流传开来,仅仅一天时间,资料便被复制多达数十万份。该国迅速联合有关国家,对十来个主要传播者进行逮捕,并在网络上限制秘密情报的传播。

此时,这一事件居然被一家世界级媒体报道了出来。随后,全球数万家媒体转载了这一报道。这些秘密情报越被封锁,传播越快,仅仅两天时间,几乎传遍了全球的各个角落。有些政府开始大规模地逮捕传播消息者,前后逮捕的人数多达数千人。之后,包括那家世界级媒体在内的全球数万家媒体相继出来道歉,说之前的报道属于误报。这一事件引起数亿民众的抗议,随后，抗议不断升级。一些政府迫于压力，开始出来澄清一些有关泄密事件的具体内容。在澄清的过程中总是遮遮掩掩，这激起了民众的更大不满。包括大学教授、社会学者在内的一些知名人士等开始接受访谈，在公众场合发表演讲。随着事情越闹越大，全球掀起了一场前所未有的"反对政府隐瞒真相、欺骗民众"的大运动。

后来，一些大财团老板、国会议员甚至军队将军也出来为民众撑腰，强烈谴责那些政府的过激行为，要求政府释放被捕人员并向全世界公开道歉并公布实情，否则要求那些政府的首脑下台。涉事政府实在扛不住了，于是，纷纷开始释放被捕的人员，并让有关保密部门与相关机构出面解释实情。但是，越解释就越解释不清楚，各种涉密事项众说纷纭、疑窦丛生。

最后，一些国家的副总统、副总理、副首相等也出来向民众道歉。几乎所有有关国家的保密部门与相关机构开始解密大量的绝密档案，开放相关网站。人们这才发现，之前在网上流传的绝大多数涉及外星人、人类的各种阴谋论的资料竟然都是真实的。

比如，月球背面的金字塔是外星人修建的。月球本来就是一艘中空的大型飞船，它是由类人外星人设计并安排在地球附近，供早期人类晚上活动照明用的太空天灯与指示灯塔。

再比如，美国罗斯威尔事件是真的。1945年美国在新墨西哥州的特尼狄地区引爆了人类的第一颗原子弹，之后，不时有神秘飞船光临此地。两年之后，又有一艘碟形外星飞船来到此地，美军派出三架侦察机前往查看，但遭受对方攻击。美军紧急出动20架当时最先进的战机，在损失了12架的情况下，重创了该外星飞船。该外星飞船逃至罗斯威尔镇的一个农场附近坠毁。

解密资料显示，当时美军还抓获了五名外星人，其中有四人居然一直为美军工作至20世纪90年代方才相继去世。这些外星人为人类的科技特别是空中军事力量做出了杰出贡献。

这些事件的公开引发了全球的巨大震荡。人们都在思考，政府到底对民众隐瞒了多少内容，有多少阴谋未曾公开？在各路组织、亲民财团的大量资金的支持下，全球众多的黑客组织自发联合起来，开展了人类史上最大规模的"破密攻击"运动，纷纷黑入全球发达国家的核心机密部门、组织与机构的大数据库，于是数以亿计的电子资料被曝光。

自此，人们才发现，近50年来，人类实际上与众多的外星人都有过合作。人类还研发出了大量的尖端科技和新型武器。现实中发生的很多神秘事件，正是人类研发那些尖端科技和新型武器的实验造成的。

比如将量子炮弹发射出去，可以演化成数以亿计的炮弹，它们会瞬间出现在任何一个地方，根本不受空间的限制，甚至在很远的地方也能跟踪敌人并引爆。这种武器对于那些能随时隐身、直角转弯，空中无须减速便可停止、起飞的超高速飞行与变线运动的外星飞船来说是致命的。

人们还发现原来这些外星飞船并不神秘，不外乎就是掌握了四维空间的一些简单技术而已。一位科学家说："我们早在20年前，就在四维空间的科技方面有了重大突破。如今，我们已经在一些特种部队中配置了少量的可穿越四维空间的小型飞行器，虽然这些飞行器还不能运送大量的人和武器装备，但是在危急情况下，它们也能对外星飞船进行有效的攻击。"

特别值得一提的是，相关资料显示，人类在类人外星人祖先的帮助下，已经掌握了反物质与暗物质的核心技术。现在，人类已经在火星外围与土星外围建立起了两道反物质防御网，冥王星之外的反物质防御网也在建设中，距离竣工已经不远了。防御网的功能是，无论哪种外来的攻击，即便是恒星飞来，只要一触碰这道网，不仅会被捕捉，还能瞬间被湮灭。被湮灭后所释放出的大量能量，将会被防御网后面的暗物质网吸收。

暗物质网不仅具有吸收正反物质被湮灭后所释放的能量的功能，还有更神奇的特点。暗物质根本看不见、摸不着，就像静静的河流铺满整个天空。而物质与反物质就是漂浮在它"水面"的"树叶"或"船只"。暗物质防御网，如果在特定区域内启动暗物质，就像在特定海域刮起一阵数百级乃至数千级的台风，又像是百慕大三角海底的巨型旋涡一样，将会让所有在海上的一切物体瞬间被撕毁、吞噬。就像撒在河水里的一把蔗糖一样，将会瞬间被暗物质分解成原子与粒子后消失。

有一份多达数百页纸的关于人类与外星人的大规模战斗的绝密档案也被泄露。一夜之间，在全球网络上疯狂传播。该档案显示，这一事件发生在 2015 年的夏天，战斗地点位于非洲撒哈拉沙漠。那时，人类刚刚在外星人祖先的帮助下，在土星外围建立起第一道反物质防御网。

入侵的外星人为了攻击人类的反物质防御网，竟然让 3000 多颗恒星喷发的能量球向这道网一起发射。人们看到星星突然变大，数千颗燃烧的火流星一起向地面射来，那阵势恐怖至极。不过，当这些能量球碰到反物质防御网后，就像烟花落到了水面上，熄灭了。

外星人只得带着轻便的武器越过该防御网，与人类的军队在沙漠中开展赤膊战。那些身材矮小、行动迟缓的外星人，虽然他们使用的武器比人类先进，但是他们哪能与人类真正的短兵相接啊。短短一个小时，外星人便被斩杀 5 万多人，其余的赶紧逃跑了。

在战斗之前，人类得到了类人外星人祖先先遣队的大力帮助，实施了一次名为"心灵量子休眠炮"的保护性攻击。这种保护性攻击针对特定的人实施后，他们的视觉就会在短时间内被屏蔽，即看不到数千颗火流星攻击地球的恐怖场景了。

但是，包括量子攻击炮与休眠炮在内的量子炮技术，已经被该入侵外星人攻破，不能再使用了。不过，至今外星人还没有攻破反物质湮灭网与暗物质防御网的真正技术。

这一网络泄密让民众知道，原来人类居然具备如此强大的科技与军事力量。当然，也有很多人认为这些解密资料显示的人类科技及与外星人的战斗、合作等太离奇了，简直可以用天方夜谭来形容。也有人反驳说人类近几十年来发生的科技革命完全可以用"大爆炸"来形容，上述反物质、暗物质与量子炮等科技成果让人难以想象与理解也是一种很正常的现象。

上述双方在全球发生了巨大的争论，僵持不下。支持的一方还做出了令人恐怖的预测：傲慢不已、异常先进的外星人，在不久的将来或将卷土重来，对人类发起最后的总攻，那将会在全球乃至太阳系爆发一场前所未有的大战。

此时，有关政府出面了，逮捕了那些揭秘与传播该事件的主要人员，罪名是入侵国家机密系统而引发全球性恐慌。这种恶劣行径已经危及政府存在的合法性与必要性了。很多评论家说："不管怎样，民众都得承认国家、政府存在的价值与意义。我们有义务维护国家、政府的正当地、顺利的运行。国家、政府主动公开一些秘密是他们的责任，但是，那些涉及国家、民族核心机密的东西就像个人隐私一样，是需要保护的。这些邪恶的泄密者，绝对是不能被赦免的。"此事激起千重浪，引发了全社会的大讨论，全球主要国家和地区的男女老少几乎都参与到了大讨论中。最后，一些人开始反对这些肆无忌惮地曝光国家机密的行为，渐渐地，这种反对行为获得了数以亿计民众的支持。

与此同时，数以万计的涉及国家机密的文件在网络上被曝光，整个世界沸腾了起来。而且，揭秘行动一而再、再而三地突破底线，很多国家政要、财团的大量涉及隐私的图片、视频、录音与文字等开始在网络上疯传，比如最近流传甚广的疑似某国女总统换内衣的视频，某国首相和第三任老婆在家中调情的录音，某国的一个男性政要坐在马桶上吃汉堡包的视频，等等，频频被曝光……

看来，一场轰轰烈烈的全球民众"要求知情权"的正当运动，像变质的酸奶一样，彻底变味了。

终于，全球绝大多数的民众实在忍受不了了，开始抗议这种肆无忌惮地披露国家、政府机密与泄露个人隐私的疯狂行为。整个事件反转了，而且爆发了声势浩大的声讨运动和世界性的大游行。

重获公信力的政府开始出面解释，收拾残局并干预事件。慢慢地，这场运动被平息了下来。不过，"外星人也不过如此""外星人或将以能量球的方式发动对人类的全面攻击""人类只要团结起来就会战胜外星人"等观点，已经开始在全世界民众的意识里建立，渐渐形成了共识与习惯性认知了。

30天以来，史罔·凯奇在联合国总部大厦那间像密室一样的办公室里，密切地关注着这一切，享受着"运筹帷幄，决胜千里之外"的那种只有至高无上的领袖才能享受到的风采与惬意。虽然这些风采与惬意如同大火在被熄灭前的最后的闪耀，"但是，那也是最耀眼的呀……不不不，我不仅决胜千里，而且决胜万里之外啊！"史罔·凯奇有时志得意满地自言自语，竟然笑得嘴都合不拢了。

当然，在这个过程中，史罔·凯奇实际上既紧张又很兴奋，"这正是最刺激的地方啊！"他不时地对自己这样说。令他紧张的是，在全球爆发各类运动的过程中，如果外星人突然发起攻击，那他的计划就彻底泡汤了。令他高兴的是，全球民众居然这么容易被糊弄，似乎这些全在他的掌控之中。不过，他转念一想，觉得这并不是民众容易被糊弄，而是他的宣传团队太厉害了啊！

"刺激啊，刺激啊！那些'白痴'般的各国元首们，你们哪个人能在人类被毁灭之前，享受到我这份至高无上的权力'大餐'与荣耀啊！哈哈哈哈……"显然，史冈·凯奇已经被这疯狂的世界弄得自己也更加疯狂起来……不过，他偶尔也会清醒一阵子，感叹一番人类的命运，表达自己的无奈与憋屈！

7月6日，西蒙教授看着隔壁忙得团团转的全球指挥中心的宣传团队，心中不由得暗暗大骂，"如果撇开领导人类顺利灭亡这一善意谎言，这群混蛋就是邪恶的魔鬼啊！"这时，四位专家急匆匆地跑进他的办公室，一边叫着不好，一边将一份简要报告递到西蒙教授的手里。西蒙教授一看，大惊失色，拿起报告就和这四位专家一起向史冈·凯奇的办公室跑去。

史冈·凯奇看到他们格外紧张的神色，先是大吃一惊，待他看完报告后却变得不太紧张了。用一贯低沉、缓慢的声音说："自从宇宙巨变以来，你们终于也算预测准了一件事。这个精准的预测，我这段时间一直都在利用它，它帮了我一个大忙啊。"

西蒙教授等专家正对史冈·凯奇的镇定大感意外的时候，史冈·凯奇按下了桌前的按钮，他的助手随后走了进来。"马上通知指挥中心所有成员，不论用什么方式，务必在五个小时后全部到达这里，我要召开一次非常重要的会议。"史冈·凯奇说完，停了一会儿，突然叫住已经快走出门口的助手，"等等，司想他有要事缠身，就不要打扰他了。"

随后，史罔·凯奇又从西蒙教授等专家那里了解了一些细节。原来，自从上一次银河系卫星星系中的恒星开始向太阳系发射巨型能量球之后，银河系周边三万到五万光年内的恒星也出现了类似的现象，即这个范围内的恒星也开始向太阳系发射能量球了。很多民众通过普通的天文望远镜，便可以分辨出一些恒星的变化。如果继续向内扩展，不久后，人们仅凭肉眼就能观测到银河系恒星的变动了。

不过这些都在史罔·凯奇的预料之中，他早就给民众打了"预防针"。当然，随着危机的不断临近，民众这种刚刚建立起来的新认识、新观念，必须反复地、持续地被加强，要像墨水渗透木板一样，否则，万里长堤一旦崩塌，滔滔洪水的巨大冲击力所产生的破坏后果难以想象。

五个小时后，全球指挥中心紧急召开特别会议。参会人员空前团结，大家几乎将所有的悲痛、恐惧全部化为对外星人入侵的仇恨与强烈的抗争意识。大家盛赞史罔·凯奇、哈默·谢顿、宣传团队与专家组做出的杰出贡献，他们在30天里几乎统一了全球民众的思想和意识，并将民众引导到"预定的轨道"上来。有人甚至激情澎湃地盛赞这两个人物与两个团队是人类在最后时刻的最伟大的"四把尖刀"。

之后，会议决定即刻开始"向外星人开战的全球总动员与为挽救人类文明殊死一战的全球军队大行动"。

会后，全球媒体都发布或转载了人类向入侵外星人发动总攻击的动员令。这时，全球指挥中心正式走到了台前，开启了领导人类度过大劫难的伟大征程。

各国政府都将50%的财政预算用在宣传上，剩下的50%的财政预算用在军队的布局与全球指挥中心在本国的组织建设上。即日起，全球军队在七大洲开展大战部署。同时，也开始建立全球指挥中心强大的直属宣传动员机构。与此同时，全球任何组织、任何部门，不论是政府的还是非政府的，都按照不同级别与分类设立了宣传动员机构，直接由30国集中领导，最后由全球指挥中心统一调度。

于是，一场席卷全球的大动员开始了。世界上的每个地方的每个角落每条街道和每个社区，到处都在开展与外星人殊死一战的宣传动员活动，各种标语布满了墙壁、街道，甚至出现在荒山与沙漠中。

全球各地，几乎在所有的大中型城市，庞大的军团威严地从大街上走过，数以亿计的民众涌上前去，他们为军队送茶送水，甚至热情相拥。如此宏大的气势与军队阵列，人们一生都未见过，有人竟情不自禁地高呼："伟大的史罔·凯奇主席，伟大的哈默·谢顿第一副主席，你们是全世界的大救星，你们的伟大功绩将永彪人类文明史册的第一页的第一行……"

一些女大学生、社会上的年轻女子，纷纷奔向街头，扑向这些英武而笼罩着光环的大兵的怀里，于是，一条已经存在数千年之久的"俗语"被改写为"石榴裙"拜倒在"军裤"之下。

后来，还传说一位富家千金，为了追赶因抵挡不住入伍诱惑而逃婚的小伙子，居然带着牧师在巴黎的大街上拦下两辆缓缓前行的坦克，在摇摇晃晃的车盖上举行了婚礼。漂亮的新娘用"飞吻"将一辆坦克中的年轻大兵们给"捣鼓"出来，将他们丢在了大街上，然后将新郎按进坦克，"洞房花烛"之后，才放走了新郎……这一壮举让"在第二次世界大战胜利时一位大兵在纽约街头狂吻一位漂亮护士摆 Pose 的那一伟大浪漫场景"黯然失色……

八月初，人类历史上最大规模、最高效率的全球军队大部署工作基本结束。

在城市市中心、工业区、人口密度高的郊区及水陆交通要塞附近都设有兵团。在人口分散的乡村的平原与山区则根据地理位置情况部署师、旅、团、连等。警察则分布于各城镇的人口聚集点，配合军队的行动。在太平洋、大西洋与印度洋沿岸港口、海上基地驻扎来自全球的海军。在除了南极洲的六大洲的空军基地与航空母舰上部署来自全球的空军。这样便形成了全球海陆空立体防御与攻击网。

根据世界权威军事战略专家们的分析，外星人用反物质导弹、核武器等重型武器攻击人类，要想突破地球外围最近的这两道反物质防御网，几乎是不可能的事情。最后，只有那些具有防反物质功能的先进飞船能够穿越反物质防御网。

不过，这些外星飞船经过这两道防御网的冲击与"腐蚀"，大都已经面目全非了。到那时，它们的攻击能力几乎就与人类差不多了。人类对大型的飞船用原子弹、氢弹，对小型飞船用常规炮弹，便可以攻破。如果外星人还不打算撤退，那么人类赢得这场战斗的概率就非常高了，所谓狭路相逢勇者胜。

如果在开战前，在冥王星外围，人类的第三道反物质防御网被建立好了的话，即便外星人用银河系中距离太阳系较近的数亿颗恒星喷发的能量球来攻击，要想突破这三道反物质防御网也几乎是不可能的。

几乎所有人都相信"只要人类万众一心，地球就能避免被毁灭""只要人类团结一致，不停地进行战斗，就会战胜外星人""胜利永远属于伟大的人类与人类文明"等。

有关全球军事部署的事，史冈·凯奇当时私下对哈默·谢顿说："这样做的好处有三个。第一，可以向民众很好地展示军队的力量，让民众有信心，这也是为了宣传；第二，可以让军队监视民众，如果出现当民众发现真相后因人性崩溃而发生暴乱、自相残杀等情况时，军队可以进行弹压；第三，有利于我们实施控制。"

"万一军队知道真相后先乱了呢？"

"不会的，班及以上建制的军队都有全球指挥中心的宣传监视组织，这些组织的负责人都有否决相应军事长官的最终决议的权力。这些组织的负责人又由我们直接领导，也就是说，我们对军队实施了全面的控制！"

"那不就是说军队不是用来打仗的，而是用来控制人类的吗？"

"嘿嘿嘿嘿！"

"你真是个魔鬼！"

第十七章

无尽的桥

八月初，在银河系中，恒星喷发的能量球开始由外围向内部蔓延，官方和民间的天文工作站公布这一消息后，全球民众感到震惊。人们进一步相信并确认了三项大事。

一是外星人对人类发动的战斗已经打响了；二是外星人将用恒星能量球向人类发起首轮攻击；三是人们对在太空中建立的反物质防御网充满信心。

渐渐地，在夜晚，人们有时用肉眼就能看见一些星星正分离出一些小亮点，小亮点似乎还在缓慢地移动。后来，几乎所有的星星都分离出了小亮点，慢慢地，这些亮点开始变大，逐渐变得像星星一样大。天空中星星的数量越来越多。

这时，全球指挥中心的宣传团队及其在全球刚刚建立起来的庞大的组织、机构全速运转了起来，有关战斗动员的各种演讲、歌曲、文章、诗歌及视频等纷纷出现。人们亢奋了起来，每个人心里都充满着人类必将胜利的信念。

全球所有军队的原子弹、氢弹、常规的地对空导弹、高炮与火箭炮，以及其他一切能够朝天空射击的武器装备，都对准了天空。

星星越来越多、越来越大，天空越来越拥挤。这正是银河系边缘与卫星星系中数以亿计的恒星喷发的能量球正在逼近的结果。

全球指挥中心总指挥史罔·凯奇的声音通过全球所有的有线（无线）广播、网络及手机等媒介直播。

"我宣布，人类的第三道反物质湮灭网正式在太阳系最外层成功建立，如果受到攻击，湮灭网瞬间会将对方化成'灰烬'。如今太空中这些多余的星星，正是由外星人引发银河系恒星喷发能量球而形成的，这是四年前的老'伎俩'了。这种'伎俩'，暴露了外星人对人类发动的进攻十分仓促，他们是不够自信的……胜利最终属于伟大的人类，属于伟大的地球、伟大的太阳系……"

实际上，人类根本没有什么反物质武器，更没有所谓的类人外星人祖先的帮助。史罔·凯奇之所以敢撒下这种"弥天大谎"，也是经过专家团队反复论证了的。

他们坚信一个事实：银河系及其卫星星系中，仅恒星就多达 4000 多亿颗。如果这些恒星哪怕以自身质量的 1/10 喷发能量球，以远超光速的方式射击，再引爆银河系内的众多未曾观测到的黑洞等，也能很快将银河系中大半个猎户悬臂点燃，还没等到靠近太阳系的边缘，太阳系早就被蒸发了。而且，按照近期可见宇宙中发生的"空间跃迁"或"空间跳跃"现象来看，这将会在很短的时间内完成。

另外，他们早有准备，之前所有的对外宣传和发布的信息，都将'能量球相当于 1/10 到 1/5 原恒星能质'这一信息隐瞒了，统一的口径为"喷发的恒星能量球相对于恒星整体能质来说很微小，可谓微乎其微。"

此时，全球指挥中心的专家们已经做出了判断，离太阳系被蒸发已经不远。

然而，让他们大感意外的是，在密集的星星快要逼近太阳系的时候，太阳系居然未出现任何气温上升的迹象。而且，所有波段的天文望远镜、巡天设备及其他一切可以感知能量变化的感应器、搜索器，都没有观测到这些新生星星的频率、波长与能量的变化。专家团队的所有人都不知道这是怎么回事。

不过，全球指挥中心依然举行了紧急研讨会，一直讨论不出结果来。史冈·凯奇、哈默·谢顿与其他很多国家元首急得在会场中央走来走去。

精英们彻底傻眼了。

突然，天空变得异常明朗。全球所有地方，包括曾经被污染过的，被雾霾、浓烟笼罩着的工业区、城市市中心、山川、平原上的天空全都明朗了起来，所有的尘雾、烟云全部消散。天空像被刚刚冲洗过一样，清晰、明亮。

之后，所有的星星加快了速度，根本不受光速的限制，开始像雨点一样冲进了太阳系。有人通过望远镜发现了真相。

"星星冲过了冥王星，好像什么都没有发生，似乎根本没有防御网！"

"不，再确认一下！"

"我确信，星星毫无变化地冲过了冥王星近日点，正向海王星奔来！"

"根本就没有第三道防御网啊！"

人们不知所措。当然，绝大多数人还在怀疑这一结论，也有人以为第三道防御网是仓促建成的，或许存在漏洞。不过，军队、民众亢奋的斗志开始从顶峰"跌落"，一些人开始害怕了。

星星自身的速度在下降，但由于离人们越来越近，感觉其速度更快了。这些明亮的星星如倾盆暴雨般向地球的可见天空砸了过来……

"星星已经越过土星、木星了,根本没有第二道防御网!"这一消息在20多分钟内,迅速传遍了整个地球。

人们彻底傻眼了。

军队也慌了,他们将第一批核导弹发射了出去。实际上,这时这些可见的星星离人们还非常遥远,但是突然产生的巨大恐惧,已经让人们失去了理智。更奇怪的是,这些核导弹飞向天空后,突然全部不留痕迹地消失了。

紧接着,第二批核导弹也被发射了出去,也消失得无影无踪。

这时人们才发现,所有快速移动的星星已经靠近大气层了。而此前地球之外的太阳系的其他星系都被密集的星星遮掩,所以人们根本看不见它们的状况。不过,此时的人们都已经坚信这些行星早已土崩瓦解了。

"星星要点燃大气层了,人类要灭亡了!"

"地球之外根本没有防御网啊!"

"这些都是骗人的,我们全完了!"

"最后时刻,全球指挥中心都不告诉我们真相,太邪恶了!"

"邪恶的不是外星人,邪恶的是全球指挥中心!"

"邪恶的史冈·凯奇,邪恶的哈默·谢顿!魔鬼!魔鬼!"

"一群吃人不吐骨头的魔鬼!大魔鬼!"

真相突然被揭示,人们最后的心理防线突然崩塌,70多亿人面临被灭亡的恐惧,对被欺骗的愤怒,对过往日子不珍惜的悔恨,对未来得及与亲人告别的痛苦,对自己即将赴死的悲痛……一切的一切,最后都化为对全球指挥中心的仇恨,对史罔·凯奇、哈默·谢顿等人的巨大仇恨。

人类彻底绝望了!

军队甚至将剩下的最后一批核弹扔向全球指挥中心成员所在的30国及响应最积极的80多个国家的近万座大中型城市的人口聚集区。

突然,整个太空中密集的星星爆炸开来,在一片耀眼的火光之中消失了。天地一片黑暗,伸手不见五指,人类的凡是涉及能源的一切设备突然停止了运行,光明全部消失了。一切通信网络与电子信号全部停止,人们陷入无尽的黑暗之中。

这一突然的变故,让人们的恐惧终于越过崩溃的边缘,让人们直达无尽的"死寂"与"凝固"。整个人类"凝固"了,不论是坐着的、站着的、躺着的、躲藏着的,还是清醒的、愤懑的、冲动的、疯狂的,包括那些在联合国总部周围正准备冲击全球指挥中心的人们……那是坠入十八层地狱之下的终极黑暗中的"凝固"。人们只能一动不动地接受末日的"大审判"。

这一切的一切，像烟花散尽之后的宁静，像万物死亡之后的祥和，时间与空间皆已停止。无论你曾经多么伟大、多么渺小、多么富有、多么贫穷、多么高贵、多么卑贱、多么高尚、多么邪恶，一切都被冲刷得干干净净。像被剥去衣服之后的人的酮体，都是光溜溜的，没有任何区别。

在这似乎是永恒的死亡的"凝固"中，人们好像突然被打开了第三只眼，能透视大千世界的一切秘密，醍醐灌顶，突然大彻大悟了。虽然周围是无尽黑暗，但是人们似乎都已"精神出窍"，他们似乎开始看到了光。这种感觉像婴儿在母亲子宫中被无尽的爱与温暖包裹着，像人们躺在温泉中渐渐进入了梦乡。

突然，彻底黑暗的天空变亮了，星星也开始稀稀拉拉地出现了。

渐渐地，人们似乎从"凝固"的死寂中反向越过了崩溃的边缘，回到了现实中……

有人尖叫了起来："是星辰鸽子。"

"对，是星辰鸽子。"

无数的星星排列成一只巨大的鸽子，印满了整个苍穹，鸽子嘴边还衔着几根由绿色与蓝色星星拼接成的橄榄枝，枝上有九片绿叶在摇曳。

高山上、大海中、平原上、山谷中、城市里、乡村中，世界各地的人们开始看到天空中有鸟儿在飞。等鸟儿从头顶上掠过的时候，有人发现了它们嘴里还衔着东西，一些鸟儿停下来降落在一些人的手中。这时，有人高呼："是鸽子，嘴里衔着橄榄枝的鸽子！"

"是曾经飞回诺亚方舟的鸽子，还有橄榄枝！"

人们头顶上的鸽子与穹顶上的星辰鸽子相互辉映着，穹顶上的鸽子在闪烁，头顶上的鸽子在飞舞。

此时，人们又回到希望之中，虽然这种希望很"微弱"，但是也能让很多人要么狂笑不已，要么号啕大哭……

"鸽子，和平的使者！"

"橄榄枝，和平降临！"

"和平的鸽子！伟大的鸽子！"

"救救我们吧！"

人们疯狂地大喊、高呼，场面惊天动地。

突然，天空之中鸽子的星辰图散开了。

天空渐渐变蓝，像蓝宝石般，一切看上去都是那么地祥和。

人们仰望着星辰"大海"，浩瀚无边，似乎还有美妙的音乐响起，如深夜从窗外飘进来的夜来香，时有时无。

渐渐地,星辰与太空的"大海"变成一幅幅美丽的图案。

人们也跟着这些美妙的、变化着的、布满整个天空的图案大声地朗诵。

蒹葭苍苍,白露为霜。所谓伊人,在水一方。溯洄从之,道阻且长。溯游从之,宛在水中央……

天不老,情难绝。心似双丝网,中有千千结……

风前带是同心结,杯底人如解语花……

思悠悠,恨悠悠,恨到归时方始休。月明人倚楼……

滴不尽相思血泪抛红豆,开不完春柳春花满画楼……

曾经沧海难为水,除却巫山不是云。取次花丛懒回顾,半缘修道半缘君。

一生一代一双人,争教两处销魂。相思相望不相亲,天为谁春……

成千上万的图案在天空中快速地变幻着,人们只能辨析出少许展示了人类诗歌所描绘的场景。人们低诵着,沉醉于迷人的爱与痛苦的浪漫之中。人们热泪盈眶、激动不已。

忽然，天空暗了下来。很快出现了一大幅明亮的图案：花卉与墓地交织呈现，光阴在流逝，花朵在绽放……

这时，天空中突然出现一首诗歌，由群星拼接而成。根据不同人的母语而呈现出数千种文字，而人们只能看见自己母语的文字：

请允许我成为你的夏季

当夏季的光阴已然流逝

请允许我成为你的音乐

当夜莺与金莺收敛了歌喉

请允许我为你绽放，我将穿越墓地

四处传播我的花朵

请把我采摘吧

银莲花——

你的花朵——

将为你盛开，直至永远！

…………

随后，文字消失，画面转化。众星汇集成一双美丽而忧郁的眼睛，像在流泪。泪光中似有人形在闪动，像精灵。天空中

又出现一首诗歌:

请将我的心灵,我的一切

都拿去吧

只求你,留给我一双眼睛

让我——

永远能看到你!

…………

之后,文字再次消失,画面再次转化。高山崩塌、江水回流,雷声震动,天地相合,影像与画面震天动地。渐渐地,画面扭动变形,像一盆五颜六色的颜料被泼在了画布上,色彩斑斓的河流从天穹的中央向东南西北各个方位奔腾而去,当快要冲击天际的时候,这些河流又向天穹中央极速倒流、聚集,瞬间演化成闪烁的文字,布满整个天空:

我欲与君相知

长命无绝衰

山无陵

江水为竭

冬雷震震

夏雨雪

天地合

乃敢与君绝

…………

之后,所有的星辰"大海"像烟花一样爆炸开来,照亮了长空大洋、陆地湖海、千山万壑。

渐渐地,天空恢复为之前的样子。跨越半个天际的银河两岸,最耀眼的牛郎星与织女星开始微微闪烁,慢慢呈现出七彩的光晕。渐渐地,相距16.4光年的这两颗星之间突然架起了一座彩虹。

彩虹的影像从暗到明,从小到大,慢慢地向地球靠近,其他的星星似乎都在向后退。渐渐地,这两颗星的光辉掩映了其他一切星辰的光芒。

这时,全球的七大洲、五大洋内的海洋两岸、绿地内的密林、洼地与湖泊中都架起了彩虹,在地球灯火全部熄灭之后,突然照亮了全球大地。整个世界陷入绚丽的彩光之中。太平洋、大西洋、印度洋等的东西两岸，彩虹大桥横贯其中。而之前由大迁徙而来的喜鹊群开始在这些地面、海洋上的彩虹中飞舞，它们与数以亿计的彩虹交相辉映。

与此同时，牛郎星与织女星伴随着彩虹向地球靠近，更奇怪的现象发生了。根据不同的环境状况，牛郎星、织女星及其之间的彩虹都呈现在人们眼前，跨越了屋顶、湖面、山脉、河谷、村庄、沙漠。像天上的太阳和月亮一样，你在哪儿，它们就在哪儿；你走，它们也跟着你一起走；你停下来，它们也停下来。不过，不同地点的人们只能感觉到这只是遥远的牛郎星与织女星及其之间的彩虹桥被拉近而形成的壮丽景象。

直到这个时候，人们才发现跨越牛郎星与织女星之间的这座巨大的彩虹桥是由喜鹊搭建而成的。

"鹊桥！"

"神话中的鹊桥！"

"美丽的鹊桥！"

"浪漫的鹊桥！"

人们大声高呼，声音一浪高过一浪，人们陷入无限的遐想之中。

直到这时，人们才突然意识到今天是 2019 年 8 月 7 日，是中国阴历的七月初七。

难道那伟大的只有在神话传说中才有的，人人都羡慕得要死的终极浪漫，真的要出现吗？全世界的人此时都在仰望天空，仰望眼前被爱的光辉笼罩着的浪漫的鹊桥。

这时，当星星再次如烟花般在天空炸开后，一切都停止了。

牛郎星与织女星开始震动，忽然，有人大喊："有人！"

原来，在鹊桥两端有两个人影在上面晃动。渐渐地，这两个人影开始在鹊桥上相向而行，只不过忽明忽暗，看不清楚。一个多小时后，两个人影已经近在咫尺，同时停了下来。

瞬间，星星再次像烟花一样爆炸。突然，在碧蓝的天空中，星星组成了如下文字：

  这一刻

  我要借鸿蒙之功，洪荒之力

  让乾坤为你停转

  让宇宙为你跳跃

  让银汉为你开花

  …………

此时，正在全球指挥中心的史冈·凯奇、西蒙教授与其他元首与科学家们已经被这番情景震惊得忘记了自己正身处被民众包围的危险之中，他们似乎悟出了一些东西。一些人开始逐字逐句地解读起来。

原来在本超星系团外围发生宇宙巨变时，本超星系团停止不动的那十多天是"让乾坤为你停转"啊！整个宇宙的星系团、天体结构等的"空间跃迁"或"空间跳跃"是"让宇宙为你跳跃"啊！银河系及其卫星星系恒星喷发的能量球，一起向地球射来，演化成烟花和各种图案，是"让银汉为你开花"啊！这是多大的一个玩笑！多么荒唐的事啊！

"不，不是玩笑，不是荒唐，这是对人类的鄙视，是对人类的无耻的玩弄！"史冈·凯奇说着，又更正道，"不，不是鄙视，这是对人类的漠视！不，不，……"史冈·凯奇竟然找不到能准确表达他心中无限愤怒、痛苦的词汇。

"不对，既然是漠视，那为何演绎的全是人间的爱情故事与诗歌？"西蒙教授反驳道。

当少数人在感慨、惊讶或气愤时，70多亿人却不这么想。人们只知道自己刚刚从十八层地狱之下的终极恐怖中翻转到九重天上的"极乐世界"，一切激动与惊叹都不足以表达内心的震撼与幸福。

在那首诗歌闪烁的同时,牛郎与织女激情相拥。这时,人们能清晰地看到牛郎和织女的样子。织女如天仙般美丽,高高耸起的像乌云一样的云鬟上珠宝璀璨,她有着长长的睫毛,高鼻梁,如凝脂、玉石般的肤色,红而微微上翘的唇线,洁白的脖颈。她穿着一身飘逸的霓裳衣服,长长的衣带与褶皱时有时无地发出声响,人们似乎能隐约听到。牛郎英俊飒爽,他的脸盘轮廓分明,鼻子巍峨笔直,激动的眼神像烈火在燃烧。

他们彼此相拥,倾诉着,流下激动的眼泪。眼泪从鹊桥上滴了下来,像火一样,点燃了下面飘浮着的白云,白云顿时化成无数的红梅花,在成千上万只喜鹊的海洋中摇曳。阵阵梅花香飘来,在这魔幻般夏日的夜晚,像月光一样地倾注在荷塘上。

纤云弄巧

飞星传恨

银汉迢迢暗度

金风玉露一相逢

便胜却人间无数

…………

人们激动不已,相互依偎或抱在一起。有人啜泣,有人大哭,也有人呆呆地看着,一动不动。

整个世界沉浸在无限的浪漫中。

后来的大量报道显示，当时有人钻入屋顶、田野之中的葡萄树下，也有人躲进稻田、河边的柳树下面，更有人蹲进了苗圃、园林之中的花荫之中。他们都竖起耳朵静静地听着，似乎听到了牛郎和织女那无限甜蜜的私密情话。

突然，牛郎和织女分开了，两人三步一回首地告别，分别向牛郎星与织女星走去。他们流下眼泪，眼泪越过虹桥、白云，将红梅花的海洋浇灭。

渐渐地，牛郎、织女的影子暗了下来，彩虹桥与两颗星也渐渐远去、变淡。天空也渐渐暗了下来，所有的星星都在后退。最后，天空中只剩下了这首诗：

这一刻

我要借鸿蒙之功，洪荒之力

让乾坤为你停转

让宇宙为你跳跃

让银汉为你开花

…………

突然，这首诗像向四周散开，星光化成了花朵，朝地球飞来。大概半个小时后，这些花朵飘落到了地面。这时，全球所有的电力、网络等全部恢复了。

人们争抢着这些花朵，拿到手中，发现原来是一朵朵玫瑰花。不过，等到第二天早上，这些玫瑰花都变成了干花。

第十八章

大揭秘

在七夕的第二天，司想终于再次与外星神秘力量联系上了，不过这次只允许他一人进入梅花状的飞船，接见他的依然是那位名为元君的外星人。司想见到元君后非常激动，疑虑与问题太多，他竟不知道该如何开口了。司想努力地镇定了下来，慢慢回忆之前整理过几十遍的问题与它们的顺序。

"元君老师！"司想已经被神秘力量彻底折服了，谨慎地开始提问。

"前次见您，您说你们在实施一项大计划，这项大计划与这次宇宙巨变到底有什么联系，现在可以告诉我了吗？"

"哈哈哈哈，可以，可以的！"元君大笑着说，"这些宇宙巨变的起因是可见宇宙的中央旋转轴与你们定义为本超星系团的中央旋转轴之间的偏移角度太大了，逼近了极限。这样将会撕裂整个本超星系团，从而引发数以千计星系的崩塌性重组，当然，也包括银河系。这将是巨大的灾难。"

司想目瞪口呆。"所以我们就调整、矫正了一下。"元君轻描淡写地说道。

"什么？调整、矫正？"司想简直不敢相信自己的耳朵，又问了元君几次。

"是的，是调整、是矫正。这个大计划被命名为'调轴计划'。"元君等司想平静下来后，轻声细语地说。

"难道还有更大的宇宙？"司想本能地问道。

"呵呵呵，对！还有更大的宇宙，你们的可见宇宙只不过是整个宇宙这片汪洋之中的一个旋涡，一朵浪花而已。"

"天哪，这，这，这……怎么可能呢？可见宇宙，那可是跨度达930亿光年啊！"司想震惊得差点说不出话来，沉默了半天，"那可见宇宙也在旋转难道也是真的吗？"

"呵呵，太阳系在旋转，银河系在旋转，本超星系团也在旋转。"

"但这并不说明可见宇宙同样在旋转啊！"

"实际上，如今人类普遍认为宇宙是均匀和各方向同'性'的，它没有优先的方向选择，并在所有方向都是一样的。这只是对宇宙的一种认知而已，或许是局部的，不完全正确的。"元君看了看司想，慢慢地说，"可见宇宙像本超星系团一样是旋转的，这个结论你们人类早就有人提出来了。"

司想认为他们对人类太了解了。"是的，早在 20 世纪 90 年代初，业界有人通过对南半天球上的 8 000 多个螺旋星系的观察，发现它们都是按顺时针方向旋转的，当时就让人感到不寻常。后来，当密歇根大学天文学家迈克尔·龙果及其团队通过对 15 000 多个星系的大量研究之后正式提出这一观点时，我们便深深地陷入了困惑。因为它与如今业界推崇的权威理论——宇宙暴涨理论存在不一致情况。"司想慢慢地说道。

"任何理论都不是绝对的，只要能在一定范围内解释一些宇宙现象和问题，那就是一个时代的进步。更何况，宇宙暴涨理论目前也仅是可见宇宙的一种解读而已，外面还有更大的宇宙呢。人类如今对宇宙、万物的认知已经陷入到科学的迷阵之中，或许用'范式困境'来表述这一迷阵更准确些。"元君像在安慰司想似地说道。

司想渐渐冷静了下来，开始问最核心的问题了，"哇，天哪！调轴计划，这，这，你们是如何完成的呀？"

"我们分三步推进。第一步，让本超星系团相对静止，调整可见宇宙的轴；第二步，让可见宇宙相对静止，反方向调整本超星系团的轴；第三步，第一步、第二步基本完成后，就在银河系中顺带做了点小事情，哎，也可以说是做了一个小实验吧！"

司想震惊不已，很长时间才平静下来，问："相对于可见宇宙，本超星系团那么小，直接调整本超星系团不就可以了吗？为什么还要调整整个可见宇宙呢？"

"那样的话，本超星系团内的星系、星云等位移的跨度也太大了，震动会更加剧烈，整个星系团更容易被撕裂，而且这种调整需要一步到位。还有，我说过，可见宇宙只是整个宇宙中的一朵浪花，我们调整它也并不比单独调整本超星系团费事。"

"哦，哦，原来是这样。"

"那您所说的相对静止是什么意思呢？"

"就是相对于整个大宇宙的静止啊！"

"那可是让天地、乾坤都停止运动了啊！太神奇了，太伟大了！"司想压抑住自己内心的巨大震撼，像在喃喃自语。

"是啊，宇宙创造了智能，智能也会在一定程度上影响宇宙，甚至在某些程度上改造了宇宙。这个就像你父亲送给你一块手表，如果时间出现了偏差，那么你得矫正一下时针，总不能老让别人帮忙。"元君淡淡地说道。

司想停顿了很久，然后颤颤巍巍地问："您说的这个父亲、这个别人都是谁，有吗？"

元君沉默了一会儿说："问点其他的吧。"

"可见宇宙的跳跃，光速极限被彻底打破了。数十亿光年甚至数百亿光年之外的震荡，为何十几天之内便能传播过来，这怎么可能？这到底是怎么回事？"司想眉头紧锁，似要锁住千般困惑。

"这很简单啊！"元君依然慢声细语，"关于四维空间你知道多少？"

"我只知道一些理论，比如量子力学中的'跃迁'在四维空间中的'解读'，不过，我们从来没有任何事实能够证明这些理论，也不知道这些理论是否正确。"

"这正是四维空间中的'跃迁'啊！在三维空间里肯定是不可能的。"元君想了想说，"调轴计划，这种宇宙巨大的震荡，我们必须将所有的星系、星系团、星云与具体的恒星、行星等天体的坐标位置固定，调整的时候同时在四维空间中实施'跃迁'。另外，我们还要在三维空间中铺入大量的暗物质，像在地面上铺牛毛毡子，以便吸收那些逃逸出去可能会冲毁附近星系、星系团的大量能量。在调整的过程中，我们还要把这些暗物质吸收的逃逸能量通过四维空间源源不断地送回原来的星系、星系团及其中的恒星、行星等天体内，这样才能维持可见宇宙的原貌，保持原有星系、恒星等体系的质能守恒。于是，从四维空间来看，震动只是一些小小的涟漪，而对三维空间来说,就会产生'蝴蝶效应'。比如,你们如今看到的震荡,在十几天甚至几天时间里,居然能传播到数十亿甚至数百亿光年之外。这正是'空间跃迁'与'蝴蝶效应'双重作用的结果啊。"

司想呆呆地听着,震惊得下巴差点儿掉下来。等自己冷静后,他抛出了另一个重大问题:"银河系乃至其卫星星系中的所有恒星,还有一些大型的行星、类恒星等,为什么它们都会喷发出巨大的能量球,而当靠近地球时,又渐渐减弱了。这些能量球如此巨大,有些肯定比整个太阳的能量还要大。整个银河系的恒星,如此疯狂地喷射能量,完全可以将银河系的部分区域,比如猎户旋臂的某些区域点燃啊!"

司想说着,声音有些发抖,还没等元君回答,他继续补充说:"那么巨大的能量球与致命射线,瞬间就会将整个太阳系蒸发,为什么地球上什么都没有发生啊,这都是为什么呢?"

"呵呵呵,这就是我说的那个小实验了,还是涉及四维空间的问题,哎,该怎么给你解释呢?"元君停了一会儿,若有所思地说,"这样吧,先打个比方。一张纸的渗透性非常好,比画画用的宣纸强 100 倍。如果直接在上面画画,笔墨一落下,肯定会很快把整张纸染成一团黑,根本画不出什么东西来。但是,我在纸张背面添加一层吸附液体能力极强的材料。你每画一笔,只要出现侧漏或渗透情况,这种材料会立刻将多余的墨水、颜料吸收,这样,你是不是就可以在这张纸上画出精致的图案了呢？"

司想一脸茫然地望着元君。元君继续说："这个比喻虽然有点不恰当，但是还是能说明些问题的。这张画纸很薄，像一层膜，这就是你们能看到的三维空间，整个银河系就在这层膜上。而那种吸附液体能力极强的材料与能吸收多余墨水、颜料的'空间'，就是四维空间。当在三维空间中，数以亿计的恒星喷发能量时，我们就在你们看不见的四维空间中将能量吸收一部分，你们就只能看到现实的画面与影像了。而在这个过程中，被吸收的能量，离你们越来越近，能量也就源源不断地被送回原有的恒星中。这与之前铺入其他可见宇宙中的暗物质的情况有所不同，有点像喷泉，你只看到水雾的美丽，却看不到喷泉机械系统的循环。"

司想再一次目瞪口呆，"也就是说，我们看到的画面只是影像或镜像了？"

"不不不，你们看到的是真正的物体，比如鹊桥、梅花、烟花、文字、图案等，都是真实的。还有，你们收到的玫瑰花，那是我们通过正反物质体的分离而留下来的实实在在的实物，可以留作纪念。"元君慢条斯理地说，"画纸背面的'吸水材料'大量布满一种粒子，也就是你们所说的天使粒子，即马约拉纳费米子。那些由数以亿计的星星（能量团）聚集与分散产生的画面、文字、彩虹及烟花等，动感十足，那都是通过适时地让正物质与反物质聚合的湮灭与分离的再现等过程实现的。"

司想惊得差一点倒在地上，他勉强支撑着陷入了沉思。"马约拉纳费米子正是正反物质同体的神秘粒子，外星人居然能随意将正反物质分离聚合，需要任何物体就能即刻生成，需要它们消失就能即刻湮灭，这要多高的科技水平才能做得到啊！"

"当然，为了精准地完成这些画面、烟花等的出现、消失、变动等动态展示，"元君补充说，"我们还在银河系的三维空间中铺入了大量暗物质，正如前面所说的那样。暗物质能像铅笔擦擦去多余的笔画一样，既可以瞬间吸收正反物质湮灭所产生的能量，又能通过适时的流动填补其他'画面'缺少的能量。美妙的太空图文，就这样被淋漓尽致地展现出来了。"

司想惊叹不已。然而，元君竟然还说："为了让空中景象在全球所有仰望星空的人们的眼前更逼真，我们还实施了一个非常重要的'渲染'程序，该程序也很费时间。我们首先将铺在银河系里的暗物质中的暗能量抽离出来，'贴'在暗物质层的下面，这样就可以随时配合天使粒子形成的动态图案、烟花、文字的快速变化，对细微的能量输出与吸收进行动态调节，相当于在暗物质层下面'贴'了一个能量蓄水池。"

"哇，精妙绝伦，真是精妙绝伦啊！"司想情不自禁地喊出声来。

"这也是为何我们在实施这一调轴计划的过程中，第一步与第二步之间的暂停只相当于地球时间的十来天，而第二步与第三步，即银河系中的小实验，单就准备工作就花了我们两个月的时间。这也是我们老大的良苦用心，正如我所说的，他对你们人类'大爱至深'啊！"

司想赶紧站起来向元君深深鞠了三个躬，以示感谢。

"当然，在这两个月时间里，人类发生了前所未有的翻天覆地的变化，这正是我们小实验的重要内容。"元君似乎在强调。

司想心中五味杂陈，沉默了很久，之后才问："另外，喜鹊与部分鸽子是如何迁徙的呢？"

"哎，这个在前一次与你见面时，我们已经探讨过了。"

司想一脸茫然。元君解释道："你看，三维空间中存在的任何物种、物体，都是高维度空间如四维空间中的某些'存在'的投影，这就像灯光将你的身影投射到墙壁上一样。你不动，在墙壁的平面上，即在二维空间中，如果有人想移动你的影子，可能吗？然而，在三维空间中，只需轻轻推你一下，就能实现了。以此类推到四维空间与三维空间的关系上来，这些喜鹊和鸽子只需在四维空间中动动它们的集体元身，就能轻易做到。"

"啊，集体元身？这个，这个，这个……"

"当一个物体被无数道光照射时，它就有无数个影像。无数的影像就是集体，而那一个真正的物体就是元身，只需动一动这个元身，无数的影像就全变了。当然，这个元身不仅可以是某个具体的物体，也可以是基因、内分泌或神经性物质等。"

"那不就是说我们看到的全是影像了吗？"

"不不，从四维空间中来看是影像，而从三维空间中来看就是实实在在的实体了。比如你们看到的喜鹊与鸽子，以及它们的大迁徙等，这些都是真实的。就像你梦中的万物，你在梦中去感受，那肯定都是真实的。"

"啊，啊，啊！"司想不敢再追究下去了，他不停地摸着自己的下颌，担心它真的会掉下来。

"哦，还有，"司想急切地说，"我差点忘了一个重要的问题，请问这么大的可见宇宙，跨度达到 900 多亿光年，你们的调轴计划究竟是如何实施的呢？"

"哎，这个也是在前一次与你见面时，我们讨论过的问题了。你看，不论是在三维空间中还是在四维等高维空间中，都至少有'宏''微'两个维度吧。'宏''微'空间是孪生的，这有点像你们的电视机与遥控器的关系一样。我们只要操作'微'这个遥控器，就容易转动'宏'这个大空间了。"

元君说着，突然变得严肃起来。"不过，将'微'空间与'宏'空间联动起来，在两者之间架起一座桥梁，可不是一件容易的事情啊！这次的大计划花费了我们项目团队整整十年的时间啊！"

元君停了一会儿，像和自己对话一样。"而且我们还动用了很多别的团队和力量，不过，'鹊桥会'是由我们老大独自完成的，这十年的努力需要顽强的毅力来支撑。当然，我们老大对你们人类肯定充满深厚的爱，不然……"

司想显然已经被气氛所感染，感激地望着元君说："那么，人类该如何感谢你们呢？"

"大爱无须感谢，也无须对方知晓。"

司想激动万分，深深地陷入了沉思。

司想刚来的时候，心里装着数以百计的疑问。此时，他觉得豁然开朗了。很久之后，司想突然激动地说："我想到了一首歌。"

"什么歌？"

"是描写人类古代帝王的歌，很夸张——站在风口浪尖，紧握住日月旋转……"司想一停一顿地说，"对人类来说，即便是握住地球旋转都是个难以企及的梦；而对你们来说，那是站在整个宇宙的风口浪尖上紧握住星系、星团、星云与庞大的宇宙结构一起旋转啊！你们就是'神'啊！"

"你还真幽默。"元君看了看司想说,"不过你说我们是'神',那你就太抬举我们了,这太夸张了。"

"最后,我还有三个问题。"司想像突然想起了什么,"一是你们在银河系进行的小实验是什么?二是给人类展示'神迹'的选择有很多,你们为什么选中了'鹊桥会'?三是'鹊桥会'与你们的小实验有关系吗?"

"哈哈哈哈!"元君大笑着说,"我们老大一会儿要见你,他会给你解释。"

第十九章

第一推力

元君将司想带到一条长长的走廊，很快一道门出现了。

"哈哈哈哈，这就是人类吧！"一个像钝刀刮着金属棒的声音响起，一高一矮的两个人出现在门口。高的那个人脑袋很大，眼睛也大得像"小灯笼"，身子又长又细；矮的那个人形如直立的"螳螂"。"螳螂人"瞟了一眼司想就和"小灯笼人"聊了起来，好像司想就是一条正在爬过门口的小虫虫，被他们看到了，他们就顺便聊了一下人类似的。

"哈哈哈哈，这个小实验太好玩了。哼，这些小人类。""小灯笼人"的声音像电流声，呲呲作响。"这比我们去年在阿丽塔星球逗弄那些像人类一样的小虫虫要刺激、好玩些，哈哈哈哈！""螳螂人"回应"小灯笼人"。

"你注意到没有，那些小人类经常虐杀弱小的种族、物种，他们厉害得很啊！他们有部好像叫作《阿凡达》的电影表达的就是这个意思……这次，本可以玩大点，老大太变态了，怎么对人类这么好呢？""小灯笼人"对"螳螂人"说着，便一起消失了。

司想受到了刺激，脸色发青，说不出话来。

元君连忙解释并安慰司想说："对不起，对不起！他们是我们的幕僚团队的专家，他们确实对人类有偏见，但我们认同人类，特别是我们老大，他十分欣赏你们，几乎倾注了无限的'爱'。这确实是个小实验，是我们老大一手策划的。当然，关于这个小实验的内容不同的人有不同的理解。"

司想不自然地点着头。然后，他眼前出现一间中式接待室，窗明几净。元君示意司想坐在茶几旁的木质座椅上，等待他们老大的接见。

突然，之前那位美丽的女侍者凭空现身了。"司想先生好，元君主侍好！"女侍者微微鞠躬，轻柔地说，"不好意思，老大有紧急的事离开了，应该不能见司想先生了。"司想也站起来鞠躬，有些愕然。

"'主侍'相当于人类团队中的专门负责接待的主管或主任。"元君给司想解释。

"还有，元君主侍，我们的团队明天将离开这片区域，即人类可见宇宙的区域，前往遥远的别处，我们又有大事要做了。这是突然收到的信息。老大请你代他向司想先生问好，并耐心接待。如果还有机会，那时，老大定会与司想见面的。"说完，女侍者又向司想鞠了一个躬，消失了。

司想非常失望，元君似乎也有些失落，元君说："哎，我们就像在宇宙中飘零的一'粒'浮萍啊，随时有任务要去完成，望您理解。"

"我已经非常感谢你们了。"司想起身向元君鞠了一躬，元君示意他坐下。

"按地球时间，大概在十多年前，我们的项目组来到这里，查看这里的危险情况。那时，我们接待了你的师傅张一涵先生。我们离开后开始策划并准备实施这一调轴计划。这次实施计划时正好接收到了你的信息。不过，以后我们走远了，估计就……"

"难道以后很难见面了吗？这，这，这……"司想失落不已。

"是的，毕竟你们的可见宇宙仅仅是大宇宙这片'海洋'中的一朵浪花而已，是很渺小的。如果没有出现这个'调轴'问题，我们应该不会见面。这还要感谢那位姑娘，即你们看到的鹊桥上的'织女'。"元君也有些失落。

"哇，难道我们看到的牛郎、织女也是真实的？"司想惊愕不已。

"是的。"

"牛郎星与织女星相距 16.4 光年,为何一个多小时,它们便'走'完了全程呢?另外,为何在地球,不同的人看到的鹊桥都离他们很近?"

"第一,牛郎与织女是在四维空间里走动的,所以只需一个小时便走完了全程。我们做了技术处理,直接将四维空间的时间感迁移到了三维空间,所以就不会出现'天上一天,人间一年'的现象了。第二,牛郎、织女与鹊桥是在四维空间中的'元身',不同的人看到的只是四维空间在三维空间中的投影。"

"那不等于说人们看到的还是影像吗?"

"你怎么又犯傻了呢?在三维空间中看,它们都是真实的。"

"啊,啊,啊!地球上有 70 多亿人,那岂不是有 70 多亿个真实的'牛郎、织女与鹊桥'了。"司想嘴巴张得大大的。

"这仅仅是与 70 多亿人联动的一种特别处理,有点像你们的量子理论中'万物是因为观察才存在'的道理。另外,牛郎与织女,他们只要一跨入三维空间就会瞬间'亿身合体',实际上,只有两个人而已。这与喜鹊、鸽子等的四维元身与众多不同的三维投影的关系是有区别的,你得活学活用啊!"

司想目瞪口呆,很长一段时间后才清醒过来,然后又问:

"那我们人类为何该感谢织女呢？"

"这个说来话长啊！"元君解释道，"牛郎与织女是我们的巡天使者，他们的任务就是被派到大宇宙的各个区域，负责巡查那里的空间大结构是否有问题。一旦有问题，他们就会向'文明中心'发出信号，项目团队就会被派去解决问题。织女就是负责包括你们可见宇宙在内的这片区域的巡天使者，也就是你们常说的'天使'。"

司想震惊不已，他问："如此浩瀚的宇宙，为何要把这些'补天'的事作为重要任务去完成呢？"

"因为如果大宇宙出了问题，就会危及我们的文明的延续啊！"元君说道。

司想惊讶地看着元君。

"呵呵呵，这得从头说起。"元君若有所思，耐心地解释，"不论是获得知识，还是对宇宙的认知，都像突破竹子的一个个节头一样。一种文明如果始终无法在技术与空间上突破某个发展的'节头'，就很有可能会被困死在这个'竹节'里。实际上，据我们最近的一次考证，在地球上，你们应该算是第六次文明了，之前至少还有五次地球文明都已经灭绝了。灭绝的原因就是被困于某种技术与某个空间中太久了。"元君若有所思地说道。

"这种现象与理论，我们人类也发现了，比如'范式理论'和'大筛选理论'。"司想应和着。

"对，"元君继续说，"解决范式困境的办法有两个。一是维护、修补文明所处的大环境，为文明的发展争取更多的时间；二是快速提高科技发展速度，突破范式。不过，前者只是手段，后者才是根本。我们项目组与所有巡天使者，在我们的文明中，由于资质和能力有限只能完成前者。当然，文明被突破后，空间就会变得越来越广阔，科技也会实现大跨越式发展，甚至跃迁。"

"文明演进这根'竹子'越演进，虽然科技与空间都会得以跃迁，但是'竹子'的'节头'也会变得越来越厚实，越来越难以被突破；文明被困在更高维度空间的时间就会越来越长，也就意味着文明被困死的概率会越来越大。如今我们就面临这种情况。"

司想惊愕不已。

"我们的文明在你们人类眼中非常高级。"元君继续说，"但是，我们的压力比你们的压力更大，我们的危机比你们的危机更深重啊！"

司想从惊愕变成震惊。

元君说："实际上，我们的文明被困在四维空间认知的某个范式里已经近百万年了，如果还不被突破，我们的文明也将会衰亡，也将像之前的地球文明一样。如果我们遇到更大的宇宙灾难，就会被毁灭，因此，我们的压力越来越大。所以，我们星球的年轻人在具备一定的知识和能力后，就会被派往更大的宇宙中，成为检测宇宙变动的巡天使者。"

司想默默地听着、感叹着。

"我们的文明的人能活的岁数，按照地球的时间来计算，大致 2000 岁。我们在 500 岁之前，基本都在学习宇宙知识与科技，之后才进入社会，为整个文明服务。"元君继续说，"你们从'鹊桥会'上看到的两位年轻人，他们都已经 1500 多岁了。他们大概在 500 岁时相爱，之后便被派遣到宇宙的两个相反的方向工作，已经 1000 多年没有见面了。"

"哇，1000 多年！"司想震惊不已。

"是啊，织女负责的这片宇宙包含了你们的可见宇宙。虽然仅仅是大宇宙中很小的一部分，但那也是无限广阔的。在结构如此复杂的宇宙中，巡查是项极度繁重的工作。"元君继续说，"所以，你们看到天使在天上飞来飞去，以为十分美好、浪漫，那也只是一种错觉啊！"

司想目瞪口呆地坐着，只有听的份了。

"快乐与浪漫始终都是短暂的，像兔子的尾巴掠过秋天的原野。"元君看了看司想,继续说,"另外,我们星球的人的岁数已高达 2000 岁,我们的社会与你们的有本质区别,男女之间的爱情越来越少了,像牛郎与织女相爱的事,已经很罕见了。他们的这种关系让我们非常感动,所以借此机会,也算是项目组对这对恋人最崇高的敬意。"

元君说着,似乎有些激动与伤感。"哎,真不容易啊,这真不容易!我们有数以亿计的巡天使者,一些人忍受不了寂寞和繁重的工作,堕落了,他们变成了'堕落天使'或'地狱恶魔',这也是我们做这个小实验的另一个原因。不说这些了,你问其他的吧!"

司想听到后,又惊奇又伤感。停了一会儿,他说:"那为何要选择在牛郎星、织女星如此小的空间里来完成这件浪漫的大事呢?"

"第一,牛郎星与织女星本身是两个不同四维空间的入口,这对情侣分别从不同入口跨入,便相隔万里了。第二,你们人类不是有个美妙、浪漫而伤感的爱情故事吗?第三,我们借此也可以收集一些有关文明第一推力的实验数据。"

司想有些紧张了,急切地问:"就是那个小实验?"

"是的,就是这个小实验。不过,你们人类不仅没有通过,而且得分极低。"

司想心想，你们这不是在毫无底线地戏弄人类吗？但他又特别好奇人类为何得分极低。

元君似乎早就读出了司想的心思。"前面说过，这涉及文明第一推力。"元君说，"争论从来都没有停止过，似乎也没有确定的答案，我们也深感困惑。不过，我非常认同项目组的老大的观点。"

"你为何特别关注这一推力啊？"

"因为文明陷入了范式困境，需要激活所有成员的创造性与想象力，并激发他们持续的激情，才有可能尽快找到突破口。这个很重要，我说过，我们的压力比你们人类的更大。"

"给人类展示'神迹'的方式很多，你们为何选了'鹊桥会'呢？它与文明第一推力到底有什么关系呢？"司想站起来，深深地对元君鞠了一个躬。

"不要不停地鞠躬，我们在聊天呢！"元君看着司想笑了笑，没有直接回答问题，"你认为文明的第一推力是什么呢？"

"应该是科学技术吧！"司想脱口而出。

"我认为你只说对了 1/5。"

"此话怎讲？"

"科学技术只是硬推力，还有个软推力。硬推力是由软推力孕育出来的。表面上，硬推力很重要，实际上，软推力更重要。软推力应该占 3/5。"

"那还有 1/5 呢？"

"软硬两个推力是一体的，是同一个事物的两个面，这是剩下的 1/5。人们往往习惯性将其割裂开，这是不对的。有什么样的软推力就能孕育出什么样的硬推力；反过来，有什么样的硬推力就得配备什么样软推力。注意，两者是一体的，不能被割裂开，这也是这次测试的其中一项重要内容。"

"这样划分的理由是什么？"

"是这样。软推力为何要占 3/5 呢？这个就好比青草种子孕育不出参天巨木，水田里培育不出千年胡杨一样，软推力是基因、本质、孕育的环境。"元君停顿了一下，然后继续说，"还有，人们往往习惯性将软硬两个推力分开，比如你所在的华夏文明中有个清朝，它曾经有场著名的战争，叫什么来着？对，甲午海战。你看，当时清朝的北洋舰队的装备等几乎与日本相当，而且很多方面还比日本强，那为什么还打了败仗呢？原因就是清朝的软推力太差。这就是只发展硬推力，而忽视软推力的后果。"

"对，是这样。"司想似乎有所感悟，"相传还有一个故事。日本人在开战前应邀参观北洋舰队。有一位戴着白手套的日将军，用手在船舱顶板抹了一下，发现白手套变黑了，于是他判断如果两国开战，清军必败。这只是个传说，却能反映出软实力的重要性。"

"不错，所以软硬两个推力是一体的，得占 1/5 啊！"

"那什么才是文明的第一软推力呢？"

"这就与'鹊桥会'联系上了。为了便于表述观点，我暂时将文明的第一推力的软硬两面分开来说。"接着，元君开始阐述他的观点。

"'鹊桥会'与爱情有关。在世间所有类别的爱中，'爱情之爱'几乎是唯一将幸福、痛苦与浪漫融合在一起的一种爱，它是一切苦难的润滑剂。爱的美妙更多地体现在过程中，是让智能生命延续，让人自我激励、奋发与蜕变的重要推力。

"这里，我们暂时撇开'爱情之爱'，先从最广泛的'爱'说起。

"你可能会说生存、欲望、激情、好奇心及想象力等才是文明的第一软推力。这没错，但是，生存、欲望、激情、好奇心及想象力等，这些都是爱在不同维度上的延伸与演化。它们背后的一切，追溯至源头，都是来自爱。爱是宇宙大爆炸开端的'奇点'，是一切之源，万物之始。

"你或许会说，还有科技与集体力量呢。科技的发展推动了社会的进步，人类的集体力量造就了长城、金字塔等古代文明的奇迹。

"那么，科技的动力来自哪里？来自欲望。欲望又来自哪里？来自梦想与憧憬。梦想与憧憬又来自哪里？来自爱。集体力量需要强有力的社会资源整合和有效的人力资源组织来保障，它是实现'欲望'的重要动能。不论这些'欲望'是属于个人的、集体的，还是属于国家的、民族的，但最初都来自爱。

"你或许还会说，还有仇恨。

"然而，你为何有仇恨？这是因为你之所爱、所欲或梦想被剥夺了，所谓恨由爱生啊！而且，仇恨不仅对个体还是对民族，都是短暂的啊！比如文明的进展，从来都不是因为仇恨而实现的。

"还有，即便是世界上最邪恶、最势利、最狠毒的人，在面对某个具体的令人同情的事情的时候，哪怕他内心有一丝丝的颤动，那都是爱的力量使然。本性的迷失，是因为社会的赐予、教唆及其自身对这些赐予、教唆的扭曲或变态的解读、奉行的结果。

"在所有类别的爱中,即便是伟大的父爱、母爱,等等,它们大多都缺少一些东西,即浪漫与激情。

"所以,我们在所有类别的爱中选择了浪漫的爱情之'爱',以点带面地做了实验。

"你,你们,即便是有千万种理由来否定我的观点,但我依然坚持认为'爱'就是文明的第一推力,起码是第一软推力。

"随着文明的发展与技术的进步,这种相对纯粹的爱与浪漫会变得越来越少,于是,爱与浪漫便成了'稀缺物''奢侈品',这也是你们人类存在的问题。这或许也是人类文明走向衰亡的征兆之一。

"另外,如今人类对物质、金钱与权力的疯狂争夺,对道德底线的肆意践踏,对生存环境的随意破坏,等等,这些归根结底都是因为缺乏真爱,都是对真爱的扭曲啊!长此以往,人类或将步入灭亡之渊。

"这是不是可以说明'爱'才是文明的第一软推力呢?"

之后,元君解释说:"你看,科学技术占 1/5,软推力的'爱'

占 3/5，一体性占 1/5，所以你也可归纳为'爱'就是文明的第一推力。"

司想虽然有不同的看法，但他依然很激动，竟然情不自禁地念叨起那首短诗来：

这一刻

我要借鸿蒙之功，洪荒之力

让乾坤为你停转

让宇宙为你跳跃

让银汉为你开花

…………

司想久久难以平静，元君却很快冷静了下来。元君说："这次你没有见到我们老大，或许你们以后就更难见面了。"

"还有，我们选择'鹊桥会'，还有其他好处。"元君说，"这是转移你们注意力的一种很好的方式，即便是你们当中的有些人会觉得荒唐，但至少比让 70 多亿人面对大巨变而产生无上的恐惧要好吧？"

元君看了看司想，继续说："还有，我说过，对于四维空间，虽然我们比你们懂得多些，我们的科技比你们的更发达些而已，但是并不能保证一切都会顺利。这个'旋转宇宙'的计划，其失败的概率很小，但如果出现了失误，那么人类也会在浪漫中灭亡，总比直面巨大的恐怖要好吧？"

司想感激不尽，又一次起身，代表人类向元君深深地鞠了三个躬。

最后，元君与司想告别，元君说："在这个小实验中，人类的表现让他们非常失望，如欺诈、隐瞒等。仅就军队群发核弹一事，如果我们不加以干涉，那将足以杀死 70%的人类，将让地球在未来 300 年内陷入严重的核辐射与核污染中，人类或将因此而灭亡。"说着，元君看看司想，或许是留恋，也或许是告诫，"外来的一切恐怖威胁实际上都算不了什么，最恐怖的是当人类在失去本能的'爱'的情况下，人性彻底丧失，私欲失控。人们抛弃底线后，人类之间的钩心斗角、相互残杀才是最恐怖的，或许这才是终极恐怖。"

第二十章

尾声

时至 2070 年 8 月，在过去的 51 年里，与那次宇宙巨变与'鹊桥会'有关的事件还有很多。

那次大事件之后，全球指挥中心被勒令解散，500 多人被逮捕。曾向主要国家的大中型城市发射核弹的军队哗变，引发了全球长达 15 年之久的战争，死伤人数超过 11 亿人。最后叛军战败，被捕的军人多达 85 000 人。

大战虽然平息了，但残余势力仍遍布在世界各地，从明处转移到暗处，成为人类社会的最大的"毒瘤"。

在战乱被平息的第二年，联合国在海牙国际法庭的基础上，组建了人类史上阵容最大的联合审判法庭。被逮捕的这 85 000 人，依照各类犯罪事实被起诉、判决。司想虽然是全球指挥中心核心成员之一,但由于他一直反对史冈·凯奇的主张,很少参与重大决策,且在联系外星人方面对人类有功而被无罪释放。西蒙教授被流放,哈默·谢顿因反人类罪、欺诈罪与怂恿罪被判处死刑,史冈·凯奇因反人类罪、欺诈罪、谋杀罪与煽动罪被判处死刑。

在审判席上,史冈·凯奇痛哭流涕,后悔不已。他发表了长篇忏悔演讲,对自己利用人类危机,利用人性弱点,绑架多国元首,为满足自己的私欲而引发长达15年的世界性战乱的罪行做出了深刻的反思。他的演讲居然让在场的所有人都流下了眼泪。

史冈·凯奇被关在重罪牢房,司想还去看望了他。

史冈·凯奇异常高兴地说:"没想到来看我的人是你,而且你是唯一一位来看我的人,更是曾经拼命反对我的那个人。"

"我来看你是因为两件事。"司想说,"第一,你曾经说过一段话,我觉得很有道理。"

"什么话?"

"你曾说不论是一个人,还是一个集体,以某种方式前行,一直都很成功,最后却莫名其妙地失败了。其失败原因不仅仅在于'形成了定式思维',最要命的是'过往的成功'会使人越来越自负,进而发展到为了自己的固执理念而践踏社会的一切底线。这种自负与固执就像铸起了一座钢铁长城，将一切封死。外面的人永远进不去，里面的人永远逃不掉，直至死亡。"

"哈哈哈哈，这不会是在说我吧？那时，或许我还比较清醒。"

"不，我也在反思。"

"那另一件事呢？"

"你被判决后，在审判席上，你的洗心革面式的演讲是那样地深刻，那么地动人，我想知道你说的是真的吗？"

"哈哈哈哈，你真是天真啊。既然这样，我就告诉你实情吧！"史冈·凯奇看着司想，慢慢地说："那仅仅是因为我失去了权力，已经从高处跌落了，这更是我的不甘心，大权失落后的不甘心啊！否则……"

司想惊恐地看着他。"当时，听了我演讲的一些媒体人居然说我是因为良心突然发现后的深刻悔过，所以演讲才会如此动人，才会让人痛哭流涕。不过，我明确地告诉你，这些都是媒体人的'自以为是'而已。"

司想呆呆地听着，半天没说出一句话来。

最后，史冈·凯奇让司想靠近些，低声而神秘地和司想说：

"既然你来看我,而我的一生也将画上句号,其他的一切都不重要了。我现在要告诉你一个天大的秘密……"

司想睁大了眼睛,史冈·凯奇停了一下说:"全世界的很多地方都有我的秘密组织,只要我一死,他们就会立刻行动,给人类以致命的打击。我之所以告诉你这些,是因为我已经失去了权力,如果没有失去权力,我是不会干这种傻事的。"

"不过,我告诉你这一秘密还有一个原因。那就是即便你对外公布这个秘密,也没有人会相信,嘿嘿嘿。当然,我和哈默·谢顿都是大英雄,只是生错了时代啊!哈哈哈哈……"史冈·凯奇发出阴冷的怪笑。

司想震惊不已,心想这个超级恶魔太可怕了!他打算离开。

突然,他感觉右边有两个黑影一闪,砰、砰、砰,几声闷响,子弹穿过探望室右边装有防弹玻璃的铁窗,史冈·凯奇倒在了地上……司想大惊失色。这时,狱警与监视员冲了进来,扶起司想往外跑。

在随后的调查中,刺杀史冈·凯奇的便衣死死咬住他是受司想指使的。司想以涉嫌谋杀罪被拘捕并入狱。

在监狱里,司想曾屡屡将史冈·凯奇最后说的秘密告知狱警、法官及去看望他的高官、科学家们,但是大家都认为这是史冈·凯奇为了活命而撒下的烟雾弹,甚至还有人认为这是司

尾声

想想为自己减轻罪行的托词。

十年后，司想的案件被重新审判，因早前的证据存在疏漏，司想被释放。随后，司想前往北美洲西部，陪伴被流放的西蒙教授，直至西蒙教授终老后才返回中国。

后来，大量的证据显示，史冈·凯奇最后所说的秘密是真实的。这些组织多达1000个，这些组织成为了那场持续15年，伤亡11亿多人的大战中叛军的核心力量。

这场世界性大战之后，各国政府的公信力受到了极大的冲击。为了重塑政府的权威，挽救濒临衰亡的政治、经济与文化旧模式，新世界的领袖与精英们达成了共识：如果在人类之上，还有个超级发达的、仁慈的像"神"一样的外星文明存在的话，那对人类精英的统治地位来说，或许是个致命的威胁。

于是，一场持续时间长达30余年的清理"可见宇宙巨变与'鹊桥会'痕迹与影响"的世界性大运动展开了。

当时的世界精英们将那场深刻地影响人类历史进程的世界性大战的起因描述为"两大阵营为争夺世界的控制权而展开的一场殊死较量"。

后来，随着大多数当事者逐渐老去，人们渐渐忘记了宇宙巨变与'鹊桥会'等事件，年轻人还将其当成恐怖、荒唐而浪漫的大笑话。

时至今日，乔治·巴普利总统和吉姆·海森总统，皆被所在国民众甚至一些其他国家的民众当成"伟大的总统"来歌颂。理由是在他们主政的时期，两国呈现出空前的开明与繁荣。遗憾的是，这两位总统皆因操劳过度，英年早逝。

司想领导的"黑马组织"后来受到法律的限制，在周将军去世后失去了资金来源，慢慢地自发解散了。周将军曾经参与"洗刷司想谋杀史罔·凯奇罪名"的营救行动。

在过去的50年里，司想曾数十次与神秘力量联系，皆未成功。如今，他躺在病床上，对唯一还在崇拜他的年轻人无名口述了这些事。

无名问："在这个故事中，即便是在银河系中所有恒星开始向太阳系喷射能量球的情况下，你依然相信人类不会灭亡，而其他人，包括西蒙教授等都坚定地认为人类必将灭亡，这是为什么？"

"可能是因为我比较单纯吧。"司想沉默了一会儿，慢慢抬起头来说："那时，我虽然已经40岁出头了，但是我还保持着一些'童真'和人的本原的东西。"

"也就是说，其他人太复杂了吗？"

"也许是吧。话又说回来，这个世界如此复杂、残酷，他们如果不更复杂的话，怎么能成为精英呢？而我则不同，我有西蒙教授罩着，而且运气比较好，否则……"

"这样来理解，你看如何？"无名以询问的口气说，"聪明反被聪明误，与其说是外星人的威胁，不如说是人类自身的威胁；与其说是外星人戏弄地球人，不如说是精英们的自我戏弄，以及他们对70多亿民众的疯狂戏弄啊！"

"所以，人类引以为豪的那些复杂的计谋，并不代表什么高智慧。"

"我始终没有弄懂，"无名转换了话题，"世界精英们的利益是一致的，在最后时刻为何有那么尖锐的冲突？我也不理解乔治·巴普利总统和吉姆·海森总统领导的'解封派'。"

司想没回答，反问无名："你去过俄罗斯十二月党人广场吗？"

"去过。"

"哎，那个广场背后的故事你应该多了解。"

突然，司想像想起了什么似的说："无名啊，别人都不相信这个故事，唯独你相信。"

"在我逐渐长大的过程中，当我仰望星空时，我意识到银河系只是宇宙中的一粒尘埃，而太阳也仅仅是银河系中的一粒灰尘。再想想，人类登上月球都这么不容易，这不由得让人感叹人类的渺小。因此，我决定相信你讲的故事，即便周围的人都很不理解。"

"你决定……"

"哦，不，我说错了！"

未经许可，不得以任何方式复制或抄袭本书之部分或全部内容。
版权所有，侵权必究。

图书在版编目（CIP）数据

逃离毁灭：超弦理论、量子理论、暗能量等的另类科普 / 王骥著．
—北京：电子工业出版社，2019.8
（数字化生活．新趋势）
ISBN 978-7-121-36579-9

Ⅰ.①逃… Ⅱ.①王… Ⅲ.①星系团－普及读物 Ⅳ.①P157.8-49

中国版本图书馆 CIP 数据核字（2019）第 096786 号

责任编辑：刘声峰（itsbest@phei.com.cn）　　文字编辑：刘甜
印　　刷：三河市鑫金马印装有限公司
装　　订：三河市鑫金马印装有限公司
出版发行：电子工业出版社
　　　　　北京市海淀区万寿路 173 信箱　邮编 100036
开　　本：720×1 000　1/16　印张：16.75　字数：159 千字
版　　次：2019 年 8 月第 1 版
印　　次：2019 年 8 月第 1 次印刷
定　　价：58.00 元

凡所购买电子工业出版社图书有缺损问题，请向购买书店调换。若书店售缺，请与本社发行部联系，联系及邮购电话：（010）88254888，88258888。
质量投诉请发邮件至 zlts@phei.com.cn，盗版侵权举报请发邮件至 dbqq@phei.com.cn。
本书咨询联系方式：39852583（QQ）。